无处不在的眼睛

光电子成像器件漫谈

沙振舜

编著

 南京大学出版社

前　言

　　光电子成像技术是光电子学的重要组成部分,其功能是扩展人类自身的视觉能力,将可见光以及人眼不能直接看见的微光、红外光、紫外光、X射线等照射、辐射下的景物,变为可视图像。光电子成像器件是光电子成像技术的关键和核心部件,是信息技术的重要组成部分。光电子成像器件应用范围十分广阔,如家用摄像机、数码相机、手机相机、夜视眼镜、微光摄像机、光电瞄具、红外探测、红外制导、红外遥感、实验仪器、医学检测和透视等,从军用产品扩展到民用产品,其使用实例不可胜数。这些技术和器件为人类深入认识自然、改造自然提供了有效的手段。光电子成像技术已在国防、公安、医疗、科研、教学、工业生产以及国民经济的许多领域和人们日常生活中得到了广泛的应用,产生了重大的社会和经济效益。

　　我于20世纪80年代在教学中了解到CCD,即电荷耦合器件(Charge Coupled Device),是新型的固体光电成像传感器。我们在20世纪90年代初将CCD摄像头用在物理实验仪器上,自此便对CCD情有独钟,每听到有CCD的新产品、新功能、新技术、新应用时,我心里都由衷感到高兴。我不断学习、钻研光电子成像器件知识,开拓 CCD 等光电子成像器件在教学以及其他领域的应用。

前几年,我写了两本科普书:《最美丽的十大物理实验》《等离子体自传》。后者于 2018 年获南京图书馆陶风优秀图书奖,并被科技部评为 2018 年全国优秀科普作品。这对我是激励和鞭策,学院领导和同事都希望我再写点东西,为莘莘学子提供精神食粮。我想来想去只有写我熟悉的东西,遥想 30 年来,CCD、CMOS 等光电子成像器件就像朋友,随时出现在我身边,如影随形。就写它们吧! 于是我拟了个题目:《无处不在的眼睛——光电子成像器件漫谈》。我打开尘封的记忆,参阅大量书籍、文献和网页后,开始动笔,历经一年,才有了这本书,惴惴不安地呈送读者面前,恰似"丑媳妇怕见公婆",不知这本书是否合大家的胃口,是好是坏请广大读者评说。

曾记得周立伟院士谦逊地说过:

"我在大学教书,总是希望一些学有所成的教师们能向青年学人介绍治学的经验,或者把自己所从事的领域和学科的进展科学普及给大家。"

"因为专业面窄的缘故,我不敢妄想一般读者能喜欢我的这一册书,如果光学和光电成像领域的读者读后感到尚有收获,我就十分高兴了。"

"如果我的作品真的能成为一块引玉的砖头,给读者一点点启发和联想,那我就太高兴了。"

(见周立伟著:《心驰科普》,北京,北京理工大学出版社,2016 年版,前言)

正如周立伟院士所说,光电子学科博大精深,发展迅猛,各种新型器件不断涌现，谁也无法概全，这本书只是抛砖引玉，旨在希望青少年们热爱科学、投身科学。如果他们读本书感到有点收获，"开卷有益"，那么我就心满意足了。

本书前 5 章介绍了光电子成像系统的基本知识与性能，后12 章为光电子成像器件的各种应用，最后 1 章是简要总结。

本书以 CCD 光电传感器为主线，简要地介绍了光电子成像系统及重要器件的原理、结构、特性、应用以及发展动态（例如，真空摄像管、CCD 和 CMOS 成像器件、微光夜视器件、红外成像器件、紫外成像器件、X 射线成像器件等），同时也涉及日常生活中接触到的电子产品和光电成像器件，诸如数码相机、手机相机、条形码、视频监控、电视遥控器、安检设备、电子内窥镜、机器人、人脸识别等，对其工作原理、构造等做些解释，让一般使用者"知其然，也知其所以然"。

鉴于本书是科普作品，我尽量回避深奥的半导体理论（例如能带理论）和专业术语（个别十分必要的以"知识链接"给出），避免艰深的数学推导和公式表达。也许这样有"蜻蜓点水""隔靴搔痒"之感，不过本书力求通俗易懂、深入浅出、图文并茂、略带文学色彩，试图实现人文与科技的融合，具有可读性。

本书基于我多年教学和科研活动的经验和体会，参考了大量国内外优秀教材和科技文献以及互联网内容，并根据需要选编了一些插图或照片，书后给出了主要参考文献，在此对这些文献的作者表示感谢。

值得特别提出的是，南京大学吴小山教授，在本书成文出版的过程中，一直给予很多关心和鼓励，审阅了全部手稿，提出了宝贵意见和建议,我深表谢意。江苏省光学学会秘书长詹鹏教授仔细审阅了本书初稿,认真修改,使之臻于完善。江苏省物理学会副秘书长、南京大学物理学院办公室刘金生主任,以及物理学院应学农院长助理对本书的出版给予很多帮助,我均感激不尽。南京鼓楼医院吴毓麟主任医生审阅了第8章书稿,并仔细修改,提出很好的建议,我衷心感谢。南京大学出版社吴汀、王南雁、沈洁和张蠡岳编辑在本书编辑与出版过程中给予很多支持和帮助,在此一并表示感谢。

我要感谢我的妻子孔庆云对我一如既往的支持,此外,沙明和沙星帮助输录书稿、描绘插图,为本书做出贡献,我在此也表示感谢。

光电子成像是一门正在发展中的学科,内容广阔,日新月异,前景辉煌。本书挂一漏万,仅涉及冰山一角,加之本人水平所限,错误和不当之处在所难免,欢迎读者批评指正。

编著者

2020 年 3 月 1 日于南京

目 录
Contents

第1章

从电视摄像谈起

电视颂

电波万里图像传，
千家万户同观看。
新闻媒体好喉舌，
人民生活好伙伴。

（这首打油诗赞的是电视。）

　　读者朋友,当你静静地坐着看电视时,你可曾想过电视的图像是怎么摄制的? 众所周知,电视节目是用摄像机拍摄的。摄像机拍下景物并转换成电信号后,经过发射和接收,再由电视机的显像管播放出来。在摄像机中,核心部件是摄像管,也就是本书要讲的光电成像器件。

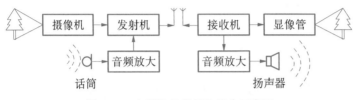

图1-1　电视信号发射和接收示意图

　　摄像管是光电成像器件家族的一员,也算是位老前辈。光电成像器件家族是名门望族,历史悠久、发展迅速、成员众多,让我们来看看它们的家谱吧! 这个家族的一个分支是摄像器件,另一分支是图像显示器件,此外还有微光成像器件、红外热成像器件等特种成像器件分支。摄像器件可以分为两大类,即真空摄像器件和固体摄像器件。其中真空摄像器件是指真空电子摄像管,是传统的摄像器件;而固体摄像器件(例如,CCD、CMOS,这两种器件下一章再介绍)则是半导体摄像器件,虽是晚辈,却是后起之秀。真空摄像器件,其实就是一个内置光电成像元件的真空管,如果管内除了成像元件外,还包含扫描机构,则称为摄像管,否则称为像管,像管包括变像管和像增强器。变像管的主要功能是将不可见光(辐射)转换成可见光图像,也就是说,它的作用是完成图像的电磁波谱转换。像增强器的主要功能是光强变换,即将微弱到人眼无法感知的图像增强到可以直接观察的图像。这些器件在实际应用中各显神通,大显身手。

　　读者朋友,听到这么多专业名词,有点蒙吧? 不要急,在本书后面各章中,会陆续介绍。

图 1-2　广播级摄像机

光电成像器件或图像传感器,是能够输出图像信息的一类器件,这个家族的目标是将不可见光的图像变为可见光图像,或将光学图像变为电视信号,为增强和扩展人眼视觉功能不遗余力做贡献。

光电成像器件家族成员按波段可分为可见光(含微光条件)、紫外及红外光电成像器件。按工作方式可分为直视型成像器件和非直视型成像器件两大类。直视型器件本身具有图像转换、增强和显示功能,这类器件有上面说过的变像管、微通道板(MCP)和像增强器等。非直视型成像器件的功能是将可见光或辐射图像转换成视频电信号,所以又称电视型成像器件。这类器件主要有各种摄像器件、光机扫描成像器件及探测器阵列等。

光电成像器件家族在国防、工业、教学科研、新闻、医学和天文学等领域获得了广泛的应用,具有很强的生命力。

 知识链接

变像管,微通道板

变像管的特点是入射图像的光谱与输出图像的光谱不同,它接受非可见辐射的图像,而输出图像的光谱是可见光,故称为变像管。其中有红外变像管、紫外变像管、X 射线变像管和 γ 射线变像管等。

微通道板是一种电子倍增器件,简写为 MCP,微通道板在玻璃薄片上排布了上百万个微孔(微通道),通道孔径通常为 $6\sim12\ \mu m$。在 MCP 的两个端面之间施加直流电压形成电场。入射到通道内的电子在电场作用下,碰撞通道内壁产生二次电子。这些二次电子在电场力加速下不断碰撞通道内壁,直至由通道的输出端射出,实现了连续倍增,达到了增强光电子图像的作用。MCP本身具有高增益、增益可控、体积小、重量轻、噪声低等优点,广泛应用于夜视像增强器、微光电视、X射线像增强器以及各科研领域。

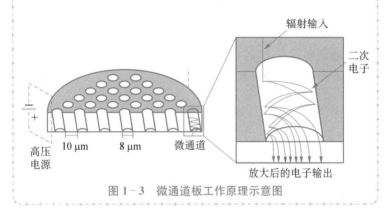

图1-3 微通道板工作原理示意图

现在,回到摄像管上来。

按照光电转换方式摄像管可以分为两大类,即光电发射型和光电导型,它们都是利用光电效应进行光电转换的。

光电发射型摄像管利用的是光电发射效应,又称作外光电效应(材料受到光照后向外发射电子的现象称为外光电效应)。这种摄像管在20世纪30年代已实用化,但体积大、笨重、功耗大,调节使用复杂,已逐渐被光电导型摄像管所取代。

光电导型摄像管利用内光电效应(材料受到光照后,产生的光电子只在材料内部运动,而不逸出材料外部的现象称为内光电效应),通过光电导靶实现光电转换。当被摄物体的光学图像投射到光电导靶面上时,因各个像素上的照度不同,导致电导率不等,从而在靶面上产生了电势起伏,然后通过电子束的扫描完成光电转换过程。

简而言之,摄像管的工作原理就是先将输入的光学图像转换成电荷图像,然后通过电荷的积累和存储构成电势图像,最后通过电子束扫描把电势图像读出。

 知识链接

光电效应

光电效应分为:外光电效应和内光电效应。(图1-4)

外光电效应是指:在光的作用下,材料内的电子逸出物体表面向外发射的现象。

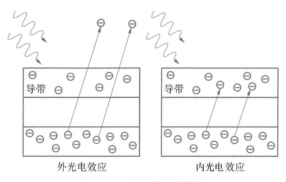

图1-4 光电效应示意图

内光电效应是指:材料受到光照后,产生的光电子只在材料内部运动,而不逸出材料外部的现象。内光电效应又分为光电导效应和光生伏特效应。光照射在材料上,使材料的电导率发生变化的现象称为光电导效应;光照射在材料上,使材料产生光生电动势的现象称为光生伏特效应。

光电效应现象由德国物理学家赫兹(图1-5)于1887年发现,而正确的解释为爱因斯坦(图1-6)所提出,因此爱因斯坦获得1921年诺贝尔物理学奖。

光电效应是光电传感器的基础。

图1-5 H.R.赫兹

图1-6 A.爱因斯坦

摄像管主要由光电靶、电子枪、电磁偏转线圈等组成,结构示意图如图1-7所示,带摄像管的摄像机如图1-8所示。

(a) 外形

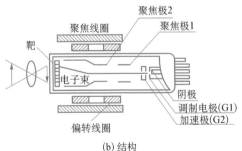

(b) 结构

图1-7 光电导摄像管及其结构

图1-8 带真空摄像管的摄像机

摄像管具备光电转换、电荷存储和扫描读取三个物理功能,可以将光学图像转换为时序电视视频信号。

摄像管的工作过程如下:

光电转换过程:靠摄像光电靶面的光电效应将光学图像变换为相应像素上的电信号;

电荷存储过程:利用器件靶面像素的电容,把光电信号以电荷的形式储存起来,建立一定的电荷空间分布。储存电荷的多少正比于输入面上相应像素上的光照度,于是靶面电荷分布便正比于输入图像的二维光照度分布。

扫描读取过程:借助电子束,从左到右和从上到下地扫描,使已存储的各像素电荷形成电流流出,即产生一时序视频信号。换句话说,通过电子束的扫描,读出使图像再现的信号,如图 1－9 所示。

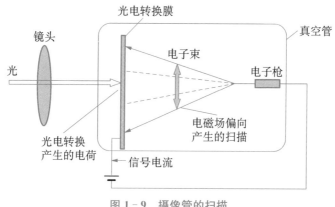

图 1－9　摄像管的扫描

真空电视摄像管中的靶面完成光电转换和电荷存储功能,电子枪在外加电磁场作用下,完成扫描功能。

1923—1924 年美国科学家 V.K.兹沃雷金(图 1－10)发明光电摄像管。最早的电视摄像机以电真空摄像管作为摄像器件(图

1-11)。随后,1931 年 V.K.兹沃雷金组装成世界上第一个全电子电视系统。

图 1-10　V.K.兹沃雷金　　图 1-11　兹沃雷金研制的摄像管和显像管

　　摄像管在电视传输系统中的作用是:将被摄景物图像分割成若干小单元(像素),按顺序将各像素的亮度转变成与之成正比例的随时间变化的电脉冲信号。这种电脉冲信号被输送到电视机或监视器,再还原成光的图像。这就是光—电—光的转换过程。

　　回顾电视发展的历史,真空摄像管垄断很长一段时间,作为输入图像的重要元件而异常辉煌,然而"花无百日红",这些摄像管由于工作电压高、耗电大、寿命短等缺点,逐渐被固体摄影元件——CCD图像传感器所取代,虽然到现在摄像管仍应用于某些特殊场合,例如,舞台电视摄像机用的就是高清晰度摄像管,但是,摄像管昔日风光不再,现在的摄像机,几乎全部使用 CCD 图像传感器了。

知识链接

V.K.兹沃雷金生平

V.K.兹沃雷金(1889—1982)是俄裔美国科学家,1889年7月30日生于俄国的米罗姆。1912年于彼得堡工学院毕业后,到巴黎法兰西学院在朗之万的指导下攻读研究生。1919年迁居美国,1924年加入美国籍。他一面在威斯汀豪斯电气公司工作,一面到匹兹堡大学学习。1926年获美国匹兹堡大学博士学位。1923—1929年任西屋电气公司研究员。1929年在美国无线电公司任职。1954—1962年在纽约洛克菲勒学院医学电子学中心任主任。他研究的范围很广泛,如电子学、电视、电子光学、光电管、真空电子管、无线电传真等,共获专利120多项。1923年发明电子电视摄像管(光电摄像管),1925年取得全电子彩色电视系统专利。1931年研制出电视显像管。兹沃雷金是美国科学院院士、美国工程科学院院士,曾获多项奖励。

第 2 章

初识 CCD

谜　语

一对孪生兄妹，
皆因光照而生。
半导体里活跃，
演绎多项功能。

（打一对微粒子）

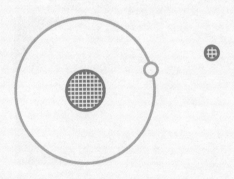

那是 20 世纪 80 年代,有一天,我逛街走到"新纪元科学器材公司"门市部的橱窗前面,看到里面陈列着 CCD 摄像头,我眼睛一亮,这种新型的固体摄像器件引起我的注意。所谓 CCD,我以前在课上也听说过,是英文 Charge Coupled Device 的缩写,中文名是"电荷耦合器件",是一种"金属-氧化物-半导体"结构的感光元件,用它可以制成摄像机。因为我之前没见过实物,在这里看到感到惊奇,于是我走进商店。这里有各种各样的摄像头,琳琅满目,我站到摄像头前面,立即在显示器上看到自己的形象。在商店里,王经理看到我对这种产品有兴趣,主动向我介绍起 CCD 摄像头的来龙去脉。

一、CCD 的发明历史

CCD 是 1969 年由美国贝尔实验室(Bell Labs)的维拉・博伊尔(Willard S. Boyle)和乔治・史密斯(George E. Smith)发明的(图 2-1)。他们探索的道路并不平坦。当时科学家遇到的最

图 2-1　博伊尔(左)和史密斯(右)用 CCD 制成视频相机

大困难,是如何将物体每一个点上因为光照产生的大量电荷,在很短的时间内采集并且传递出来。经过多次试验,博伊尔和史密斯终于创造性地解决了这个难题。他们采用一种高感光度的半导体材料,将光线照射产生的电信号变化转换成数字信号,使得其高效存储、编辑、传输都成为可能。这种装置,就是 CCD。

他们发明 CCD 的过程正如马克思所说的:"在科学的道路上没有平坦的大道,只有不畏艰险沿着陡峭山路向上攀登的人,才有希望达到光辉的顶点。"

博伊尔和史密斯因电荷耦合器件(CCD)这一重要发明获得2009 年度诺贝尔物理学奖(图 2-2)。

图 2-2　2009 年诺贝尔物理学奖获得者(左:博伊尔;右:史密斯)

二、CCD 的结构

CCD 的基本单元是 MOS(金属-氧化物-半导体)电容,如图2-3 所示。用 P 型(或 N 型)半导体硅作为衬底,上面覆盖一层厚度约 120 mm 的氧化物(SiO_2),并在其表面沉积一层金属电极,称为门极或栅极,这样,由门极、二氧化硅绝缘层和硅衬底构成一个MOS电容。许多彼此紧密排列的MOS电容组成MOS阵列,MOS阵列与输入、输出电路构成CCD器件。大家知道,普通电容器是两片金属板,中间夹有电介质,如图2-4所示,其功能是存储电荷。MOS电容器与普通电容器类似,也能够存储电荷,而且相邻MOS电容之间具有耦合电荷的能力。(这里耦合是指电荷从一个电容器到另一个电容器的传递。)

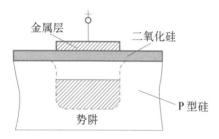

图2-3 MOS(金属-氧化物-半导体)电容

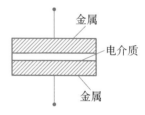

图2-4 普通电容器

 知识链接

P型硅和N型硅

完全不含杂质的纯净半导体称为本征半导体,在本征半导体中掺入特定的杂质就可以制成P型半导体和N型半导体。在本征半导体硅中加入微量的3价元素(硼、镓、铟),就得到P型硅半导体(图2-5),内部载流子浓度大大增加,且多数载流子是空穴,还有少数载流子是电子;在本征半导体中加入微量的5价元素(磷),就得到N型硅半导体,内部载流子浓度大大增加,且多数载流子是电子,如图2-6所示。

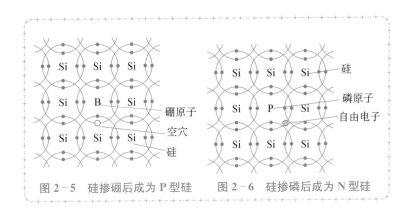

图 2-5　硅掺硼后成为 P 型硅　　图 2-6　硅掺磷后成为 N 型硅

三、CCD 的工作原理

CCD 的突出特点是以电荷作为信号进行存储和传输,而不是以电流或者电压作为信号。CCD 的基本工作过程包括电荷的注入、存储、传输和检测。

CCD 中的 MOS 电容器是光敏元,MOS 受光照射,由于光电效应使半导体中硅原子释放出电子,照半导体物理学的说法,是产生电子-空穴对(图 2-7),如本章首谜语所指。对空穴,姑且不论,电子就会储于较深的势阱(在空间内某一个势能最小的有限范围,如同陷阱一般,称为势阱),而势阱中所产生的电子数目与光照强度成正比,光照越强则电子数越多,光照越弱则电子数越少。光敏元经一定时间的感光和电子积累,就会形成电荷集合(或称为电荷包)。这些电荷集合在按时序变化的时钟脉冲电压的作用下,也会按时序发生变化,从而将电荷集合从一端移到另一端,最后输出完整的电荷像,并将其送入前置放大器进行信号的处理。这就是 CCD 器件进行光电转换和电荷像储存转移的工作过程,这有点像"击鼓传花"的游戏,这花好比电荷包,随着鼓点从一个人手里传到

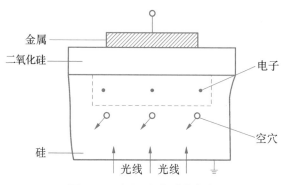

图 2-7　电子-空穴对的产生

另一个人手里,依次传下去。

　　应该说明,为了改进 CCD 的性能,上述 MOS 电容器结构已被光电二极管代替,MOS 光敏电容器和光电二极管均能起到光电转换与电荷存储的作用。

 知识链接

半导体载流子

　　载流子是可以自由移动的带有电荷的粒子。半导体中的载流子有两种,即带负电的电子和带正电的空穴。通常 N 型半导体中指电子,P 型半导体中指空穴,它们在电场作用下能做定向运动,形成电流。半导体载流子又分为多数载流子和少数载流子:N 型半导体的少数载流子是空穴;P 型半导体的少数载流子则是电子。反之称为多数载流子。

　　电子-空穴对:围绕原子运动的电子发生跃迁,从一个原子跃迁到另一个原子,则在原来的原子轨道上产生了一个空穴,空穴和电子总是成对出现。一定能量的光照射半导体会产生电子-空穴对,电注入或高能粒子注入也能产生电子-空穴对。

> 其实空穴是一个电子的位置,只是为了理论研究方便,而把它想象成一个带正电的粒子。电子由于受到温度或者光照的激发,从原先的位置上跑出来,那个位置就成为空穴。

下面稍微详细一点分析 CCD 中电荷转移的原理。在图 2-8 (a)中,相邻两电极 G1 和 G2 之间有较大的空间,且两电极上均施加正高电压,在 G1 下的势阱中存储了一个电荷包,在 G2 下的势阱中没有电荷。在这种情况下,相邻 MOS 电容之间没有交互作用发生。当 G1 与 G2 之间的空间变得很窄时,这两个势阱会耦合(合并)在一起。于是,存储在 G1 下的电荷包就像"水往低处流"一样,会向空势阱转移,电荷包将由 G1 与 G2 之下的耦合势阱共享,如图 2-8(b)所示。然后,通过降低 G1 上的电压,电子电荷包可以完全转移到 G2 下的势阱中,如图 2-8(c)所示。如此,就将一个电荷包从 G1 所在位置转移到 G2 所在位置。

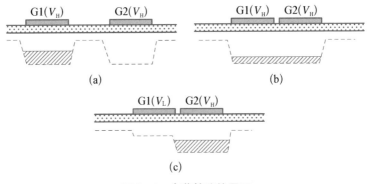

图 2-8　电荷转移的原理

如果将大量的 MOS 电容紧密放置成一行,就可以通过控制势阱上的时钟驱动脉冲,将电荷包从一个电容移动到另一个电容,然后顺次地再移到下一个电容……直到所有电荷全部输出。

通常把 CCD 栅电极分为几组,每一组称为一相,图 2-8 中 CCD 称为二相 CCD,还有三相、四相 CCD。这样的一组称为 CCD 的一个单元,也就是通常所说的一个像元或像素。

当前 CCD 的类型很多,而且也有许多分类方法。

CCD 有两种基本类型:一种是电荷包存储在半导体与绝缘体(氧化物)之间的界面中,并沿界面转移,这类器件称为表面沟道 CCD(简写为 SCCD);另一种是电荷包存储在离半导体表面一定深度的体内,并在半导体内沿一定方向转移,这类器件称为体沟道或埋沟道器件(简写为 BCCD)。

CCD 按像元的排列方式分为线阵和面阵两种,线阵是把光敏元排成一直线的器件,面阵是把光敏元排成一个平面的器件。线阵 CCD 可以获得一维图像信息,这类器件适用于检测,而不能用于摄像机;面阵 CCD 可以获取二维图像信息,应用较广,例如用于摄像头中。

此外还有像素呈蜂窝状排列的所谓超 CCD(SCCD),其光敏元呈八角形,与蜂窝类似,这种排列方法使像素密度达到最高,因而提高了灵敏度和分辨率,改善了信噪比,并且可以获得更宽的动态范围(分辨率、信噪比等术语将在后文解释)。

随着科技的迅速发展,人们对获取视频图像的摄像头的功能要求越来越高,先后出现了黑白型、彩色型、超低照度型、红外夜视型、数字型、网络型,以及各种超小型与隐蔽型等摄像头。上面介绍的都是黑白摄像头,下面谈谈彩色 CCD 摄像头。

彩色 CCD 摄像头也是以 CCD 图像传感器为核心部件。早期的彩色 CCD 摄像头是由三片 CCD 图像传感器配合彩色分光棱镜及彩色编码器等部分组成。三片 CCD 图像传感器中,每个像素点对应有 R(红)、G(绿)、B(蓝)三个感光元件,采用分光棱镜将入射光线分别折射到三个 CCD 靶面上,分别进行光电转换得到 R、G、B 三色的数值。这种摄像机得到的图像质量好,但由于摄像机结构复杂,所以一般较昂贵。

此外,还有二片式和单片式彩色 CCD 摄像头。三片式和二片式彩色摄像头的分辨率高,而单片式 CCD 摄像头的分辨率较低,主要用于闭路电视监控系统中,但价格也相对低很多。

下面以单片式彩色 CCD 摄像机为例,对其结构组成和工作过程做简单说明。单片式彩色 CCD 摄像机的结构如图 2-9 所示。

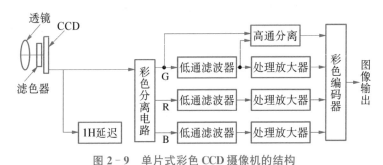

图 2-9　单片式彩色 CCD 摄像机的结构

它一般由摄像机镜头、带镶嵌式滤色器的 CCD 传感器、彩色分离电路、低通滤波器、处理放大器及彩色编码器等电路组成。

工作过程为:摄像机所要拍摄的景物信号通过镜头及滤色器后在 CCD 传感器上成像,转变成电信号。从 CCD 传感器输出的信号与将它延迟一个水平扫描周期的延迟信号(1H 延迟信号)通过彩色分离电路,分离出红、绿、蓝三基色信号,分离出来的三基色信号通过各自的低通滤波器之后,再经过放大进入彩色编码器,最后输出复合图像信号。

显然,单片式彩色 CCD 摄像机中不再需要分光棱镜,取而代之的是一种彩色滤色器阵列,用它们可以从单片 CCD 芯片中取出红、绿、蓝三基色信号。

总而言之,CCD 器件有光照灵敏度高、噪声低、寿命长、像素面积小、可靠性高等优点。可以说 CCD 的发明是光电成像器件领域的一大突破。

CCD已经应用到了所有需要成像和检测的场合,例如,摄像头就将以越来越大的规模和深度应用于国防、公安、工业、办公、教学、医学、生物、天文、地质、宇航等科学技术领域。

不过,话又说回来,由于CCD芯片技术工艺复杂,不能与标准的MOS集成电路工艺兼容,而且CCD芯片需要高电压,功耗也大,还需要外围一系列线路单元协同工作,这样就限制了CCD的应用和推广。在此需求背景下,人们一方面改进和提高CCD器件性能,另一方面开发了CMOS成像器件。此是后话,暂且不谈。

经理为了帮助我选购CCD摄像头,给我看了一份CCD摄像头的产品说明书,上面有器件的技术规格、性能参数(表2-1),他把其中重要的特性参数的含义和CCD摄像头的相关名词做了解释。

表2-1 CCD摄像头技术规格[①]

型号	MTV-1501CB	MTV-1881EX
成像器件	1/2英寸行间转移	1/2英寸行间转移
成像面积	6.4 mm×4.8 mm	4.8 mm×3.6 mm
像素	542(水平)×582(垂直)	795(水平)×596(垂直)
水平频率	15.625 kHz	15.625 kHz
垂直频率	50 Hz	50 Hz
扫描系统	CCIR 标准 625 条线 50 场/秒	CCIR 标准 625 条线 50 场/秒
最小照度	0.02 lx(F1.4,5600°K)	0.02 lx(F1.2,5600°K)

---

① 此系我当年用的摄像头,并非现在先进的摄像头的规格。

无处不在的眼睛——光电子成像器件漫谈

型号	MTV‑1501CB	MTV‑1881EX
信噪比	优于 48 dB	优于 48 dB
分辨率	410 电视水平线	600 电视水平线
视频输出	复合 1.0 $U_{\text{p-p}}$,75 Ω	复合 1.0 $U_{\text{p-p}}$,75 Ω
电子快门	1/50～1/50 000 s 连续可变	1/50～1/10 000 s 连续可变
功率消耗	2.4 W	2.4 W
镜头连接	标准"C"或"CS"连接	标准"C"或"CS"连接
工作温度	−5℃～+45℃	−20℃～+50℃
工作湿度	85%RH 以下	85%RH 以下
电源	直流 12 V±1 V	直流 12 V±1 V
尺寸	55 mm×62 mm×112 mm	42 mm×48 mm×95 mm
重量	400 g(不含镜头)	300 g(不含镜头)

（1）CCD 芯片尺寸,通常以有效面积（宽度×高度）或对角线尺寸（英寸）表示。CCD 芯片有效面积（宽度×高度）与对角线尺寸（英寸）对照表见表2‑2。

表 2‑2　CCD 芯片有效面积与对角线尺寸对照表

对角线/英寸	1	2/3	1/1.3	1/2	1/2.7	1/3	1/4
有效面积/ mm²	12.8× 9.6	8.8× 6.6	7.18× 5.32	6.4× 4.8	5.27× 3.96	4.8× 3.6	3.6× 2.7

（2）CCD 像素,指水平和垂直方向的有效像素数。它决定显示图像的清晰程度,像素越多,图像越清晰。在 PAL 制,有 752（H）×582 （V）,也就是所谓 44 万像素,及 500（H）×582 （V）,也就是所谓 25 万像素;在 NTSC 制,有 768（H）×

022

494（V），也就是所谓 38 万像素，及 510（H）×492（V），也就是所谓 25 万像素。

（3）分辨率，用电视线（TV LINES）来表示水平分辨率。彩色摄像头的分辨率在 33 到 500 线之间。分辨率与 CCD 和镜头有关。分辨率越高的摄像头，拍摄出的图像就越清晰。

（4）最小照度，也称为灵敏度，是 CCD 对环境光线的敏感程度，或者说是 CCD 正常成像时所需要的最暗光线。照度的单位是勒克斯（lx），数值越小，表示需要的光线越少，摄像头也越灵敏。

（5）扫描制式，有 PAL 制和 NTSC 制之分，这两者均为广播电视制式。

（6）摄像头电源，交流有 220 V、110 V、24 V，直流有 12 V 或 9 V。

（7）信噪比，用 20 lg（视频信号幅度/噪声幅度）来计算，单位为 dB，典型值为 46 dB。若为 50 dB，则图像有少量噪声，但图像质量良好；若为 60 dB，则图像质量优良，不出现噪声。

（8）视频输出，多为 $1U_{p-p}$，即 1 V（峰值对峰值），输出阻抗 75 Ω。

（9）镜头连接方式，有 C 和 CS 方式，两者间不同之处在于感光距离不同。大多数摄像头的镜头接口做成 CS 型，因此将 C 型镜头安装到 CS 接口的摄像机时需增配一个 5 mm 厚的连接圈，而将 CS 镜头安装到 CS 接口的摄像头时就不需连接圈。

（10）电子快门，控制 CCD 芯片的感光时间。电子快门的时间在 1/50～1/100 000 s 之间，摄像机的电子快门一般设置为自动电子快门方式，可根据环境的亮暗自动调节快门时间，以得到清晰的图像。

（11）白平衡，字面上的理解是白色的平衡，因为彩色摄像机能够输出含有"彩色信息"的视频信号，所以，当用彩色摄像机摄取纯白色景物时，其输出的视频信号在监视器上重现的景物颜色应为纯白色。但当白平衡设置不当时，重现图像就会出现偏色现象，会使原本不带色彩的景物也有了颜色。对在特定光源下拍摄时出现的偏色现象，可通过加强对应的补色来进行补偿。

最后，我向王经理讲了在实验仪器上应用 CCD 的想法，王经理帮我选择了合适的 CCD。在我给校设备处打通电话，征得领导同意后，我购置了两套摄像头和两台监视器，用在实验教学上，自此我和 CCD 有了亲密接触。

第3章

参观半导体研究所

赞 歌

夜深沉，
设计室还亮着灯光。
你绞尽脑汁，
设计出电路图样。
洁净室里，
你身着"兔装"；
精密设备前，
全神贯注在生产线上。
百道工序一丝不苟，
灵巧双手把精品奉上。
迎日出送晚霞，
奏出拼搏的乐章。
你用青春造福社会，
你是国家建设的栋梁。

（这首打油诗赞的是芯片工程师。）

俗话说，"一回生，二回熟"。由于我常去购买 CCD 摄像头，逐渐与商店的王经理熟了。有一天王经理对我说："我看你对 CCD 很有兴趣，愿不愿意到我们研究所去参观?"我说："求之不得，能去看看太好了。"王经理说："下午正好我要回所里汇报，你跟我去吧!"

来到研究所门前，只见一座 20 几层的大楼正对大门，巍峨而庄严。经理带我到所长办公室，一位姓桂的副所长接待我们，没想到桂所长原来是我的学生，毕业后来所里工作。师生见面，格外亲切，接待特别热情。我说明来意后，桂所长说："我们所是主要从事光电产品研究、开发的综合性应用研究所，在国内光电子系统工程的研究中居领先水平。等会儿我做详细介绍，先到我们芯片制作中心参观吧!"于是他陪同我们到了洁净室。

洁净室，亦称无尘车间、无尘室或清净室。洁净室的主要功能为室内污染控制，使产品能在一个良好的环境空间中生产、制造，半导体芯片和摄像头制造是在不同级别的无尘车间进行的。从名称上就可知这里是隔绝粉尘的，对于半导体元器件制造而言，哪怕是一点点的灰尘都会产生非常大的负面影响，所以参观的人不能进入，只能透过偌大的明亮的玻璃窗往里看。只见里面的工作人员穿着无尘衣，像航天员一样，还要戴无尘帽、口罩、手套和鞋套，除眼睛外，都与外面隔绝接触。大型鼓风机，将经滤网的空气源源不绝地打入洁净室中。人和物进出，都必须经过空气吹浴，将表面粉尘先行去除。

在洁净室(图 3-1)外，桂所长向我们简要介绍了 CCD 芯片制造工艺流程：制造过程可分为前段工序和后段工序(制程)。前段包括晶圆处理工序、晶圆针测工序；后段包括构装工序、测试工序。

图 3-1 洁净室

晶圆处理工序是在晶圆上制作电路及电子元件,晶圆是圆形的硅(Si)晶片。

晶圆针测工序是用针测仪对晶圆上形成的晶粒进行检测,检测其电气特性。

构装工序是将单个的晶粒固定在芯片基座上,并把晶粒上的一些引接线端与基座底部伸出的插脚连接,作为与外界电路板连接之用。

测试工序是芯片制造的最后一道工序。在自动测试设备中测试其电气特性及其他技术参数。

芯片制造工艺流程示意图如图 3-2 所示。

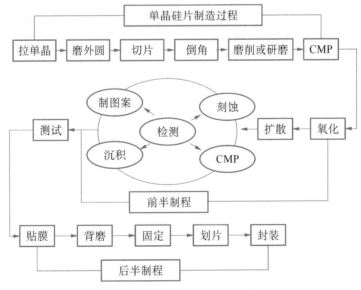

图 3-2 芯片制造工艺流程示意图

知识链接

CMP 和倒角

图 3-2 中 CMP 指化学机械平坦化，又称化学机械研磨。

倒角：硅片经过切割后边缘表面比较粗糙，为了增加硅切片边缘表面机械强度、减少颗粒污染，就要将其边缘磨削成圆弧状或梯形，这就是倒角。

通过参观，听过讲解，我们开阔了眼界，没想到一块小小的芯片要经过这么多复杂而严格的工序。真是不简单啊！

接着我们又参观了摄像头生产车间。生产摄像头是在无尘车间的流水线上进行的，桂所长向我们介绍了主要的制造流程：外观设计、PCB 电路板设计、精密模具设计制造、注塑成形、无尘车间喷油、电路板 SMT 高速贴片、插件、装配、检测、包装。（其中，PCB 为印刷电路板，SMT 是表面贴装技术。）图 3-3、图 3-4 为制造流程中某些环节。

图 3-3　印刷电路板上焊接
元件——后焊

图 3-4　摄像头检测——对照
色卡检查色差

透过明亮的窗玻璃，我们看到工人们在无尘车间生产手机摄像头的情景，桂所长解释说：手机摄像头由印刷电路板、镜头、固定器和滤色片、数字信号处理器（CCD用）、CMOS或CCD图像传感器等部件组成。其工作原理是：拍摄景物通过镜头，将生成的光学图像投射到传感器上，然后光学图像被转换成电信号，电信号再经过模数转换变为数字信号，数字信号经过数字信号处理器加工处理，再被送到手机处理器中进行处理，最终转换成手机屏幕上能够看到的图像。

参观过生产车间，所长带我们到了展品陈列室，宽敞整洁的展室很有气派，室内窗明几净，四周的橱窗里陈列着公司的产品，琳琅满目。房子中间是椭圆形的会议桌，后面墙上悬挂着投影仪，前面墙上是一面可伸缩的屏幕，桌上放着笔记本电脑，供讲解用。

等我们坐定，桂所长打开投影仪，屏幕上立刻出现了他做的PPT讲稿，于是他便开始介绍。他说："关于CCD的发明历史、结构和原理，王经理已经向您介绍过了，我不再重复，这里只谈CCD的具体应用、发展和展望。"

CCD器件的应用，可谓异彩纷呈，可概括为两大类：一类是在电子计算机或其他数字系统中用作信息存储和信息处理；另一类是用作图像传感器，即摄像器件。

与真空摄像器件相比，固体CCD成像器件具有体积小、质量轻、结构简单、功耗小、成本低、与集成电路工艺兼容等优点，正得到深入研发和普遍应用。到目前为止，CCD已广泛应用于宇航、遥感、监控、军用设备、自动控制、机器人、计算机、雷达等技术领域。它有着广泛的使用价值和广阔的发展前景，这里无法全面论述，只讲图像传感方面的几项重要应用。人们司空见惯的数码相机、手机、可视电话、交通监控等系统中用的摄像头，均以这种固体电荷耦合器件(CCD)作为核心成像器件。

中、低档 CCD,多用于办公室自动化方面的传真机、复印机、摄像机、电视对讲机;工业方面用于机器人视觉、热影分析、安全监视、工业监控、汽车后视镜等;军事方面用于成像制导和跟踪、微光夜视、光电侦察等。

高档 CCD 主要用于科研、医疗、高清晰度广播电视摄像以及天文学、卫星遥感等太空领域,及星载、机载、空间检测遥感等领域。

再说一说 CCD 的发展。

CCD 传感器的技术研究始终没有停步,它的发展趋势有两个方向:

一是研制特殊 CCD 传感器,如:红外 CCD 芯片(红外焦平面阵列器件)、带像增强器 CCD 器件(ICCD)及高灵敏度背照式和电子轰击式 CCD(EBCCD)器件等,实现了以小型化装置对微弱光成像的功能;还有大靶面传感器,如 2 048×2 048、4 096×4 096 可见光 CCD 传感器、宽光谱范围传感器(从紫外光到可见光,再到近红外光、中红外光和远红外光)。目前特殊 CCD 传感器已有商业化产品,并广泛应用于各个领域。

二是在通用型或消费型 CCD 传感器等方面,着重提高 CCD 摄像机的综合性能,如 CCD 传感器的像面尺寸向集成化、轻量化方向发展;推进 CCD 摄像机的数字化;降低 CCD 传感器的工作电压、减少功耗;提高 CCD 器件的像素数,等等。

相信随着 CCD 图像传感器制作技术的提高,CCD 图像传感器的应用前景将更为广阔。

> 上面桂所长对 CCD 器件的应用和发展做了全面而深入的论述。听了讲解,我们对 CCD 有了进一步的了解,临走我对桂所长说:"听君一席话,胜读十年书。谢谢!"

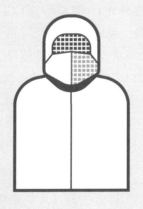

第4章

CMOS 后来居上

［卜算子］哥俩好

打虎亲兄弟，
上阵父子兵。
两种器件哥俩好，
浓浓手足情。
数码相机里，
成像留倩影。
你追我赶科技路，
相辅又相成。

（这一首词中"两种器件"指的是本书所讲的 CCD 和 CMOS 固体图像传感器。本章主要介绍 CMOS。）

CMOS(Complementary Metal Oxide Semiconductor)即互补金属氧化物半导体,它最初是计算机系统内的一种重要芯片。后来有人发现,将 CMOS 与光电二极管做在一起,也可以做成一种感光的图像传感器。

> 起初我对 CMOS 感光元件印象并不好。有一次,我正在实验室用 CCD 摄像机做实验,走进来一位小伙子,问我要不要摄像头,他拿出一个来给我看。我见这种摄像头比我用的 CCD 摄像机小巧,重量轻得多,我有点好奇,就问他是用什么做的。他说这是用 COMS 芯片做的,COMS 称作互补金属氧化物半导体传感器,懂吗? 这种摄像头是他们西安某公司的新产品,可以先试用,如合适再买。这时我才知道他是一位推销员。
>
> 当晚我就用他留下的 COMS 摄像头做了试验,结果让我失望。与 CCD 摄像头相比,CMOS 摄像头灵敏度差很多,噪声大,工作不够稳定。第二天我就还给了西安那小伙,我说这产品不行。
>
> 可是,过了几年情况变了,CMOS 芯片不仅进入数码相机,而且装入手机,实现了拍照功能,效果不错。近几年,CMOS 传感器的研究发展速度飞快,使我颇为惊奇,真有"士别三日当刮目相看"的感觉。
>
> 因为不甚了解 CMOS,我去请教物理学院教《半导体器件》的王老师,他很详细地向我介绍了 CMOS 的发展历程,以及 CMOS 与 CCD 的比较,我简要地记录如下。

CMOS 与 CCD 像哥儿俩,科学家对它们的研究几乎是同时起步的,CMOS 是 1969 年出现的,而 CCD 则是 1970 年发明的,看来 CMOS 倒是哥哥。这哥儿俩倒是有些像,两者都是利用光电二极管进行光电转换,将光学图像转换为电子数据。不过,一开始哥哥发展得不如弟弟。由于受当时工艺水平的限制,CMOS 图像传感器图像质量差、分辨率低、噪声大和光照灵敏度不够,因而没有得到重视和发展。而 CCD 器件因为有光照灵敏度高、噪声小等优点,一直主宰着图像传感器市场,在早期的数码相机和摄像头中装的几乎都是 CCD 感光元件,弟弟占了上风。在 20 世纪 70 年代和 80 年代,CCD 在可见光成像方面取得了唱主角的地位。

到 20 世纪 90 年代初,CCD 技术已比较成熟,并已得到非常广泛的应用。但是,随着 CCD 应用范围的扩大,其缺点逐渐显露出来:

(1) CCD 光敏单元阵列难与驱动电路及信号处理电路单芯片集成,难以处理一些模拟和数字电路功能,如模/数转换、精密放大。

(2) CCD 阵列驱动脉冲复杂,需使用相对较高的工作电压。

(3) 无法与亚微米和深亚微米(小于 0.35 μm)超大规模集成电路技术兼容。制作工艺特殊,因而成品率低,成本高。

(4) 蓝光响应差,等等。

为克服上述缺点,满足对小型化、低功耗和低成本成像系统的消费需求,促使科学家去研究、改进、发展 CMOS 固体图像传感器。

随着集成电路设计技术和工艺水平的提高,过去 CMOS 器件制造过程中不易解决的技术问题,到 20 世纪 90 年代找到了相应的解决方法,从而大大改善了 CMOS 的成像质量,CMOS 图像传感器的很多性能指标已经超过 CCD 图像传感器,CMOS 传感器再次成为研究和开发的热点,并且取得了长足的进步。目前,CMOS 传感器已成为消费类数码相机、电脑摄像头、可视电话等多功能产品的理想之物,随着技术的发展,已逐步应用于高端数码相机、手机和电视领域,CMOS 后来居上。在光电子成像领域,形成了

CCD 与 CMOS 你追我赶的局面。

CMOS 图像传感器和 CCD 图像传感器还有一点类似,就是在光电转换方面都利用了硅的光电效应原理。它们的不同之处在于光电转换后信息传送的方式不一样。

下面从器件的结构、原理、应用等方面将 CMOS 与 CCD 两者做一比较,并分析各自的优缺点:

1. 基本结构与工作原理对比

由第 2 章可知,CCD 基本上是由一行行紧密排列在硅衬底上的 MOS 电容器阵列构成的。但目前的 CCD 器件则采用光电二极管代替过去的 MOS 电容器,因为光电二极管和 MOS 电容器相比,光电二极管具有灵敏度高、光谱响应宽、蓝光响应好、暗电流小等特点。

如果将一系列的 MOS 电容器或光电二极管排列起来,并以两相、三相或四相工作方式把相应的电极并联在一超,并在每组电极上加上一定时序的驱动脉冲,这样就具备了 CCD 的基本功能。

CCD 光敏元件产生的信号电荷不经处理直接输入到存储单元并转移到输出部分,通过输出电路放大并转换成信号电压。

CMOS 图像传感器的最基本的像素单元结构,是在 MOS 场效应管(FET)的基础上加上光电二极管构成(图 4-1)。说得详细一点就是以一块杂质浓度较低的 P 型硅片作衬底,用扩散的方法在其表面制作两个高掺杂的 N^+ 型区作为电极,即场效应管的源极和漏极,再在硅的表面用高温氧化的方法覆盖一层二氧化硅(SiO_2)的绝缘层,并在源极和漏极之间的绝缘层的上方蒸镀一层金属铝,作为场效应管的栅极(图 4-2)。最后,在金属铝的上方放置一个光电二极管,这就构成了最基本的 CMOS 图像传感器。

图 4-1　CMOS 的
像素单元结构符号

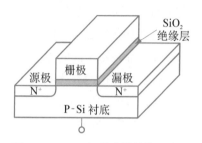

图 4-2　MOS 场效应管结构示意图

 知识链接

场效应管

　　场效应晶体管(缩写为 FET)简称场效应管,也称为单极型晶体管。它属于电压控制型半导体器件,是一种放大元件。它有 3 个极:栅极,漏极,源极。它的特点是栅极的内阻极高,这一点和电子管类似。场效应晶体管可分为结场效应晶体管和 MOS 场效应晶体管,后者又称作绝缘栅型场效应管。场效应管在大规模集成电路中得到广泛的应用。

　　CMOS 的每一个光敏元件都带有放大器。当光敏元件接受光照,产生模拟的电信号之后,电信号首先被放大器放大,然后经模数转换电路直接转换成对应的数字信号,通过输出电路输出。

　　在 CMOS 摄像器件中,电信号是从 CMOS 晶体管开关阵列中直接读取的,而不需要像 CCD 那样逐行读取。

　　图 4-3 所示为 CMOS 的构成示意图。图 4-4 为 CMOS 芯片外形图。

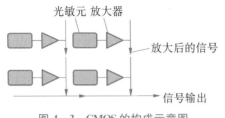

图 4-3　CMOS 的构成示意图

图 4-4　CMOS 芯片外形图①

与 CCD 相比，CMOS 的优点是：信息读取方式简单、输出信息速率快、耗电少、体积小、重量轻、集成度高。由于采用半导体厂家生产集成电路的流程和设备，所以，CMOS 具有便于制造、价格低等优点。

正所谓"金无足赤，人无完人"，CMOS 也是有缺点的，主要是暗电流影响成像质量。此外，光敏元件各自的放大器放大率的偏差也会引起固定图形噪声，再加上材料缺陷等产生的噪声，必然会降低信噪比。

 知识链接

暗电流

对于图像传感器，在光电二极管中除因光产生光电转换外，也会因热产生电子-空穴对，也就是说在没有光照射的情况下，光电元件中也有流动的电流，这称为暗电流，又称无照电流。暗电流是影响图像传感器噪声的主要因素之一。

固定图形噪声：指画面中位置固定的白点或黑点，主要是由于光电二极管的暗电流，或感光度偏差发生的。

CCD 图像传感器的优点是:结构简单、噪声低、寿命长、无残像、精度和可靠性高等,在成像质量方面相对 CMOS 传感器有一定的优势。

不过,CCD 传感器需要特殊工艺,使用专用生产流程,成本高,成品率低,CCD 是成熟化技术,可以改良的空间不大,另外数据读取速度不如 CMOS 快,CCD 仅能输出模拟电信号。这些是 CCD 的不足之处。图 4-5 为 CCD 芯片外形图,图4-6 为数码相机中的 CMOS 芯片。

图 4-5　CCD 芯片外形图①　　　图 4-6　放置 CMOS 芯片的数码相机②

2. CMOS 与 CCD 在应用上的对比

CCD 的发展已有 40 多年的历史,可以说是相当成熟的产品。不仅在早期数码相机中优先考虑 CCD,至今高端电视摄像机和高级数码相机中仍采用 CCD 作为感光元件。从目前情况来看,CCD 在高端产品市场的垄断地位很难动摇。除高品质的数码相机、摄像机外,扫描仪和各种高精度、高灵敏度的测试设备,医用和实验室用的设备等,仍青睐 CCD。

如今,CMOS 已经能与曾经长期占主流的电荷耦合器件

(CCD)图像传感器共同占据市场了。CMOS 图像传感器不仅大量用于便携式数码相机、手机摄像头、手持摄像机和数码单反相机等消费类电子产品中,而且已经广泛用于智能汽车、卫星、环保、机器人视觉等领域。近年来,越来越多的 CMOS 图像传感器出现在生物技术和医药领域,甚至人体内。当前又出现了智能 CMOS 图像传感器领域的研究。图 4 - 7 为 CMOS 摄像头。

图 4 - 7　CMOS 摄像头

随着多媒体、数字电视、可视通信等市场的增加,CMOS 光电集成器件应用前景将更加广阔。

可以预计 CCD 和 CMOS 图像传感器还会有很大的发展,其产品会随着计算机技术、通信技术等信息技术以及各项智能化技术的迅速普及而深入我们的生活、工作、学习的方方面面。

3. CMOS 摄像器件与 CCD 的综合比较

根据以上所述,将固体摄像器件 CMOS 与 CCD 的比较综合归纳如表 4-1 所示。由此可见,CCD 与 CMOS 图像传感器具有各自的特点,两者互为补充。虽然 CCD 技术已经较为成熟,但是来自 CMOS 成像竞争的不断加剧,使得 CCD 必须不断改进,对于其研究也将一直不断向前。因此在可预见的未来,这哥儿俩将并存发展,为人类做出更大贡献。

表 4-1　CCD 与 CMOS 的比较

项目　＼器件	CCD	CMOS
工作原理	电荷信号先传送,后放大,再 A/D 转换	电荷信号先放大,后 A/D 转换,再传送
结构	复杂	相对简单、生产成品率高
制造工艺	较特殊	标准集成电路工艺
灵敏度	高	较低
最低照度	低	较高
分辨率	高	较低
暗电流	小	大
空间噪声	低	较低
制造成本	高	低
耗电量	高	低
处理速度	慢	快
电源电压	12V DC	5V 或 3V DC
尺寸	较大	小

　　讲到这里,王教授稍作休息,从书架上取出一本书,指着书中目录,对我说:"你看,CCD 与 CMOS 图像传感器应用最多的场合是数码相机和智能手机,下面我讲一讲这方面的应用,不知你们有没有兴趣?"我当即表示有兴趣,愿洗耳恭听。欲知后事如何,且详看第 6 章。

第5章

不可见光成像器件

光成像颂

一花独放不是春，
百花盛开春满园。
除却缤纷可见光，
另有特技展秘颜。

（前两句话常被引用，意思是只有一枝花朵开放，不能
算是春天，只有百花齐放的时候，满园都是春天。在光电
子成像器件的花园里，不仅仅 CCD 一花独放，还有一些具
有特殊功能的图像传感器件，如盛开的花朵万紫千红，来
装扮科苑的春天。本章就来介绍这些不可见光成像
器件。）

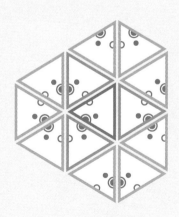

在日常生活里,我看到一些光电子设备,如紫外验钞仪、电视遥控器,不明其原理与结构,不知"葫芦里卖的什么药",出于职业习惯,我总想一探究竟,于是去请教光电专家王教授。敲开实验室的门,正好王教授在里面,我进去对他说:"无事不登三宝殿,不好意思,我又来请教您几个问题。"王教授弄清我的来意之后说:"原来你问的是紫外、红外这些非可见光成像的问题,你熟悉了可见光图像传感器,像CCD和CMOS器件,可是,除此之外,还有一些不可见光图像传感器在为人服务,正像俗话说的:'人外有人,天外有天。'为满足现代科学技术的需要,科技人员将CCD与其他器件组合在一起,成为具有一些特殊功能的图像传感器件,统称为特种CCD图像传感器:有可用于夜视的微光CCD图像传感器,如军用装备上的微光电视摄像系统;用于军用夜视、跟踪与制导、红外侦察、预警的红外CCD图像传感器;用于刑侦和防伪的紫外CCD成像器件;用于医疗影像分析和工业探视技术的X射线CCD图像传感器等。让我慢慢给你解释。"

电磁波包括的范围很广,按照其波长或频率的大小顺序进行排列,便是电磁波谱。如图5-1所示。

无线电波	微波	不可见光 (红外区域)			可见光							不可见光 (紫外区域)		
		远红外线	中红外线	近红外线	红 橙 黄 绿 蓝 靛 紫							紫外线	X射线	γ射线
					0.76　0.626 0.585　0.575　0.48 0.43　0.38									
波长>1毫米	波长:1毫米~5.6微米	波长:5.6~0.76微米			波长:0.76~0.38 微米							波长:380~10纳米	波长<10纳米	

图 5-1　电磁波谱

这些电磁波各有各的用处：无线电波用于广播、电视、通信等。微波用于微波炉。红外线用于红外遥控、热成像仪、红外制导导弹等。可见光让所有生物用来观察事物。紫外线用于医疗消毒，验证假钞等。X射线用于医疗、CT检验。γ射线用于治疗。这只是它们用途的一二例而已。

王教授接着讲了有关光谱的历史知识。

一、红外线的发现

众所周知，1666年，英国物理学家牛顿做了一个非常著名的实验，他用三棱镜将太阳白光分解为红、橙、黄、绿、蓝、靛、紫的色带，后来被称作光谱。1800年，英国物理学家威廉·赫歇尔从热的观点来研究各种色光时，发现了红外线。他让光通过棱镜分解为彩色光带，用温度计去测量光带中不同色光所含的热量。试验中。他偶然发现一个奇怪的现象：放在光带红外外的一支温度计，比带内其他位置的温度指示数值高。这个所谓热量最多的高温区，总是位于光带最边缘处红光的外面。于是他宣布太阳发出的辐射中除可见光线外，还有一种人的肉眼看不见的"热线"，总是位于红色光外侧，叫作红外线或红外光。

 知识链接

威廉·赫歇尔

弗里德里希·威廉·赫歇尔（Friedrich Wilhelm Herschel，1738—1822，图5-2），生于德国一个音乐世家，他有着极强的音乐天赋，作过交响曲，开过音乐会。但他在30几岁的时候转向了天文学，并且在这个领域大有建树，成为一位天文学家、物理学家、恒星天文学的创始人，被誉为恒星天文学之父。他是英国皇家天文学会第一任会长，法兰西科学院院士。他用自己设计的大型反射望远镜发现天王星及其两颗卫星、土星的两颗卫星、太阳的空间运动、太阳光中的红外辐射；编制成第一个双星和聚星表，出版星团和星云表；还研究了银河系结构。

图 5-2　威廉·赫歇尔

红外线是一种电磁波，具有与无线电波及可见光一样的本质，红外线的发现为研究、利用和发展红外技术开辟了广阔的道路。

在红外线发现后的 200 多年里，科研人员广泛进行了红外物理、红外光学材料、红外光学系统等多方面的探索与研究，其中许多研究成果在军事和国民经济领域广为应用。20 世纪 50 年代，红外点源制导空对空导弹诞生，70 年代出现了红外热像仪，80 年代以红外焦平面为基础的装备得到大力发展。

红外线有一些与可见光不一样的特性：

（1）人的眼睛对红外线不敏感，所以必须用对红外线敏感的红外探测器才能接收到。

（2）红外线的热效应比可见光要强得多。

（3）红外线更易被物质所吸收，但对于薄雾来说，长波红外线更容易通过。

二、红外成像器件

红外成像器件属红外探测器之列。简单说来，用来检测红外辐射存在的器件称为红外探测器。

红外探测器分热探测器和红外光子探测器两大类。热探测器，如热敏电阻、热电偶和热释电探测器等器件，直接利用辐射能所产生的热效应工作，又称作量热型红外探测器，它无须制冷，具有可在室温下工作的优点。光子探测器的工作原理则是基于光电导效应或光生伏特效应，这类器件多数必须工作在低温条件下才具有优良的性能，所以需要制冷。

 知识链接

热释电红外探测器与热电偶

所谓"热释电"是指传感器的材料在感受到温度变化后会产生电荷变化的现象，宏观上是温度的改变在材料的两端出现电压或产生电流。热释电红外探测器是20世纪80年代发展起来的一种新型高灵敏度探测元件。热释电红外探测器和热电偶都是基于热释电效应，不同的是热释电红外探测器的热电系数远远高于热电偶。

目前，在热成像系统中，主要采用红外光子探测器，因为它无论在灵敏度、响应速度等方面，都优于热探测器。红外光子探测器有多种类型。

王教授说到这里，我迫不及待地追问，我想知道我所喜爱的 CCD 是如何参与红外探测的。

王教授说，那好，下面我就谈谈红外焦平面阵列器件，这里面有你钟情的 CCD 的身影。

阵列型红外成像器件由阵列元组成，并处于红外成像系统的焦平面上，常被称为红外焦平面阵列。红外焦平面阵列是在面阵

CCD 图像传感器和红外探测器阵列技术的基础上发展起来的。

　　光学上的"焦平面"一词是指光在光轴被聚焦的成像平面。在红外领域里,把成像在这个面上的红外探测器叫作"红外焦平面器件"。

　　红外焦平面阵列器件包括光敏元件和信号处理两部分。制作器件时不能直接将硅 CCD 原封不动地作为红外摄像器件使用,因为在红外光谱区,这种器件对光不敏感。对红外光谱敏感的材料有掺 Au、掺 Hg 等的窄禁带半导体,如锑化铟(InSb)、碲镉汞(HgCdTe)。

 知识链接

窄禁带半导体

　　按照固体的能带理论(图 5-3),半导体的价带与导带之间有一个禁带。在禁带较窄的半导体中,有一些物理现象表现得最为明显,最便于研究,因此把窄禁带半导体作为半导体的单独一类。但"窄"的界限并不严格,一般把禁带小于 $0.26eV$ 的半导体通称为窄禁带半导体。

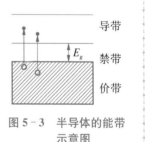

图 5-3　半导体的能带示意图

红外 CCD 图像传感器的主要优点有:

(1) 灵敏度高,可供探测的距离大;

(2) 可自动跟踪移动目标;

(3) 识别伪装目标的能力强;

(4) 全被动式工作,生存能力强。

目前,按光电转换与信号处理功能完成的形式,红外焦平面阵列的设计方案分为混合式和单片集成式两类,目前多用混合式制成高性能的器件。

1. 混合式红外焦平面阵列

混合式红外传感器的红外光敏部分和信号电荷转移部分分开,红外光敏部分由窄禁带半导体红外敏感材料制成,并在冷却状态下完成光电转换功能,而信号转移部分通常由硅 CCD 组成,且在常温状态下完成信号处理输出。两者混合的关键技术是解决光敏元件和硅 CCD 的互连问题,其中包括热匹配和电接触。新近发展起来的互连技术已能显著提高成品率。根据互连方式不同,红外焦平面阵列有多种结构,但基本结构为前照明结构和背照明结构。为了获得足够高的红外光像分辨力,必须用数百个像素构成面型传感器。

2. 单片集成式红外焦平面阵列

单片集成式红外焦平面阵列是把红外光敏部分和信号转移部分集成在一块芯片上,单片集成式具有封装密度高、便于大规模集成、可靠性好的优点。它通常有四种形式,这涉及更多专业名词和半导体知识,这里就不多谈了。

红外成像技术能够把物体的不可见红外信号转换为可见的图像信息,因此,广泛应用于军事、工业、医疗和科学研究等多个领域。在军事上,红外成像系统可以在夜间识别人、车辆等目标,这就是红外夜视原理,在后面第 10 章再做详细介绍。在医疗上,通过红外成像仪被动接收人体发出的红外辐射信息,凡能引起人体组织热变化的疾病都可以用它来进行检查,如癌症前期预示,心脑血管疾病,外科、皮肤科、妇科、五官科检查,等等。在电力部门,红外热像仪已经成为电力行业预防性维护检测的核心工具。用红外热像仪进行状态监测,以避免发生电力故障,预防电气火灾,有效保证电力企业的运行安全。在安防方面,例如防火监控中,在巡逻飞机上安装红外热像仪,可准确判定火灾地点和范围,通过烟雾发现火点,消灭火灾隐患,等等。可以预见,今后红外成像技术的应用将会越来越广。

> 王教授问我:"你可曾见过验钞笔?"我说看见过,用它对着钞票一照,钞票上某些部分会发荧光。王教授又问:"你晓得是什么道理吗?"我说不知道。他说:"验钞笔发出紫外线,可以使某些材料产生荧光,这是紫外线特有的性质,利用这种特性,可以制造紫外成像器件,下面我介绍一下这类器件。"

三、紫外成像器件

紫外成像器件有真空型的像增强器和固体成像器件。紫外成像增强器自 20 世纪 80 年代以来,成为一种新型的高性能光电探测器,不过紫外成像增强器是电真空器件,体积、质量都比较大。而随着半导体技术的发展,GaN(氮化镓)、InN(氮化铟)、AlN(氮化铝)这三种半导体材料,覆盖了从可见光到紫外光波段,被视为在蓝色和紫外波段最有前景的光电材料,随着 GaN 紫外光探测器工艺技术的不断改善,GaN 紫外 CCD 可能成为紫外成像器件的主要发展方向。

1. 紫外 CCD 成像器件

紫外线的波长范围为 10 nm～380 nm,紫外光子在硅中容易被吸收,所以光子在硅中走不多远,难以抵达硅衬底,因而用硅 CCD 在紫外波段成像比较困难。不过现在已经找到能够克服困难的许多方法。如在 CCD 表面淀积一层对紫外光子敏感的磷光物质;或将 CCD 衬底减薄,并采用背面照射方式,使光电子在被收集到 CCD 正面之前不被复合,等等。目前,紫外 CCD 多是将硅 CCD 减薄后涂荧光物质把紫外光耦合进器件的,它可使器件具有对波长从真空紫外到近红外波段的光的摄像能力。

光电转换是决定器件探测性能的关键环节。用于紫外波段的光电转换组件应有灵敏度高、分辨率高、噪声低、能进行光子信号检测的特点,紫外 ICCD(紫外增强 CCD)无疑是理想的选择,它通过紫外光子图像的增强、变换和数字成像,实现对空间紫外图像的高分辨率、高灵敏度接收。

紫外 ICCD 由紫外像增强器与可见光 CCD 结合而成,包括紫外光凸透镜、滤光片、光电阴极、微通道板 MCP、光纤光锥、CCD 等部件,其结构示意图如图 5-4 所示。

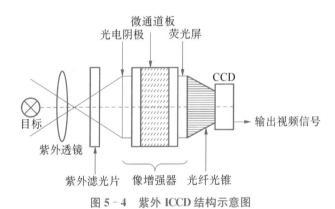

图 5-4　紫外 ICCD 结构示意图

紫外 ICCD 的主要成像过程是这样的(参看图 5-4 和图 5-5):

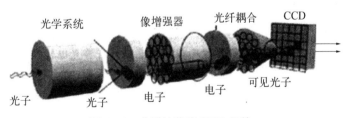

图 5-5　典型的紫外 ICCD 组件

（1）景物所发出的紫外辐射光子通过光学系统（凸透镜、滤光片）入射到像增强器的光阴极上，进行光电转换；

（2）像增强器内生成的光电子经由高压电场加速后通过 MCP 进行电子倍增，从而实现对弱信号的放大；

（3）像增强器倍增电子轰击到荧光屏上实现电子—光子的转换，输出为绿光；

（4）光子通过中继光学元件（光纤光锥或者透镜），将增强的目标图像耦合到 CCD 上；

（5）CCD 把光敏元上的光信息转换成与光强成比例的电荷，在一定频率的时钟脉冲驱动控制下，CCD 累积的电荷转移出来，输出数字视频信号。

由此可见，紫外 ICCD 通过紫外光子图像的增强、变换和数字成像，实现对空间紫外图像的高分辨率、高灵敏度接收。

2. 紫外 CCD 相机

紫外 CCD 相机主要由光学部分、电学部分和机械结构部分组成。

光学部分是由透镜组和窄带紫外滤光片组成的光学镜头，透镜组与普通的数码相机相同，完成透镜成像功能。紫外窄带滤光片的功能是滤除背景光并保证紫外光通过，在镜头前加装紫外滤光片后，CCD 便只看到紫外光。

电学部分主要是紫外 CCD 阵面和数据采集处理电路，与普通数码相机的 CCD（或 CMOS）的不同点是紫外 CCD 阵面只对紫外光敏感，对其他波段光不敏感。

机械结构部分将相机光学部分和电学部分组装到一起，并为相机提供环境保护和外部安装接口。

图 5 - 6 为德国 PCO 公司的紫外相机，是一款高性能高灵敏度的紫外 CCD 相机。此相机适用于多种科研和工业成像应用，例如紫外探测、半导体掩模检测、质量监控和燃烧分析。另一款紫外相机如图 5 - 7 所示。

图 5 - 6　紫外 CCD 相机

图 5 - 7　紫外相机

　　紫外 CCD 相机已用于无人机巡检电力线路作业,取得良好效果(图 5 - 8),详见彭向阳、陈驰、饶章权编著:《大型无人机电力线路巡检作业及智能诊断技术》①一书。

图 5 - 8　无人机巡检电力线路

3. 紫外光电探测技术的应用

　　由于紫外线可以引起某些物质在黑暗中发光,所以它在公安刑侦、纸币与证件等防伪检测方面广泛应用;在医疗和生物学领域应用也很多。如检测癌细胞、微生物、血色素、白细胞、红细胞、细胞核以及诊断皮肤病变等;在军事上,可用于紫外通信、紫外/红外

---

　　①　彭向阳,陈驰,饶章权编著:《大型无人机电力线路巡检作业及智能诊断技术》,北京:中国电力出版社,2015 年 10 月出版,第 130 页。

复合制导和导弹跟踪等方面。

简单验钞笔的原理就是用发出近紫外光及紫光的荧光管,去照射钞票的紫外防伪标志,这种标志在紫外及紫光的激发下能发出荧光。不过,随着印刷技术、复印技术的发展,伪钞制造水平越来越高,必须不断提高验钞仪的辨伪性能。这种简单验钞笔有时会误报或漏报,所以,银行不推荐使用。现在高级的验钞机集计数和辨伪于一身,辨伪手段通常有荧光识别、磁性分析、红外穿透三种方式。图 5 - 9 为小型验钞机外形图。

图 5 - 9　小型验钞机

接着王教授又介绍了 X 射线成像器件与应用。

四、X 射线成像器件

伦琴在 1895 年发现了 X 射线,又称作伦琴射线。X 射线的本质与可见光、红外光、紫外光完全相同,均属于电磁辐射,有人也把它叫作 X 光。它的波长短,光子能量大,透过能力强。在医学透视、无损探伤、X 射线衍射、天文学、材料学等方面有着广泛的应用。

X 射线用于医疗影像分析和工业探视已经多年。正是因为 X 光透过能力强、能量大,所以长时间暴露在大剂量 X 光中,会对人体造成伤害,怪不得有人"谈 X 色变",尽量少做 X 光透视。为了减小 X 射线对人体的危害,多年来人们不断地探索和研究,找到三种方法。一是减小 X 射线照射的剂量,并对 X 射线进行图像增强;二是利用图像传感器将现场图像传到安全区进行观测,这样既可以使医务人员离开现场,又可以通过计算机进行图像计算、处理、存储和传输;第三种方法则是上述两种方法的结合,将 CCD 图像传感器和 X 射线像增强器有机结合就可以了。

1. X 射线像增强器

X 射线像增强器也是一种光电成像器件。它由 3 个基本部分组成:① 光电阴极;② 电子透镜;③ 荧光屏。X 射线像增强器示意图如图 5-10 所示。

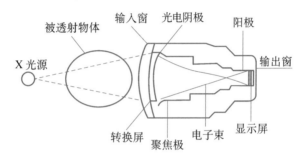

图 5-10　X 射线像增强器示意图

X 射线像增强器之所以能增强,主要在于光电阴极的特殊结构,其阴极结构如图 5-11 所示。

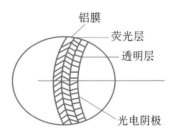

图 5-11　X 射线像增强器的阴极结构

输入窗采用高透过率、低散射的轻金属(铝或钛)制成,铝层里面是一层荧光层,再里面是一层透明隔离层,在隔离层的内表面,制作的是锑铯光电阴极。发生在 X 射线像增强器里的过程是这样的：当 X 射线穿透物体投射到像增强器阴极表面上时，首先 X 射线在荧光层里转换成可见光信号，这是光—光转换。紧接着光信号激发里层的光电阴极并将其转换成电信号，这是光—电转换。于是一幅穿透物体的 X 射线图像就变成了一幅强度与之对应的电荷图像。电荷图像在电子透镜系统中聚焦、加速，以很高的速度轰击荧光屏。在荧光屏上电子图像又变成了一幅可见光图像，这幅图像是经过增强的图像，这是电—光转换。除了加速电子使图像得以增强外，亮度同样得以提高，增益可以达到 100 倍左右。

一种新一代的 X 射线像增强器已研制成功，如图 5 - 12 所示。

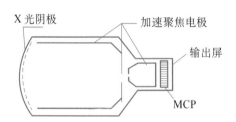

图 5 - 12　新一代 X 射线像增强器结构示意图

这种 X 射线像增强器的阴极面积大，可以探测显示目标范围更大，而且阴极结构简单，制作容易，有利于降低成本；它有高的增益，因而可能使 X 射线的照射剂量进一步减小；阴极结构简单，通道尺寸小，有利于进一步提高整体分辨率，从而提高透视目标图像的清晰度。

具有理想性能的这种 X 射线像增强器，可望在医疗仪器和工业探伤应用方面都取得较好的市场前景。

2. 工业用 X 射线光电检测系统

X 射线像增强器主要用于医疗和工业探测，在医院中的应用，以后再讲，这里仅举在工业应用上的一例。

工业用 X 射线检测系统是一种非常好的非接触无损检测手段,它主要用于工业探伤,如检查锅炉的质量、飞机零部件的质量,等等。用在某产品生产线上的 X 射线摄像检测系统,其原理如图 5-13 所示。在图中 X 射线光源所发出的低剂量的 X 射线穿透被测零部件,投射到 X 射线像增强管的光阴极面上,从而将 X 射线图像转换成电子密度图像,它在内部电场的作用下加速,并成像在像增强管的荧光屏上,最后将电子图像转换成可见光图像。可见光图像经物镜再次成像在 CCD 上,这个 CCD 可用线阵或面阵的,所检测的视频图像经 A/D 采集接口卡将工件的灰度图像转化为数字图像,存于计算机内存。最后,经计算机软件分析,得出检测图像合格与否,从而实现生产、检测、分类的自动化。

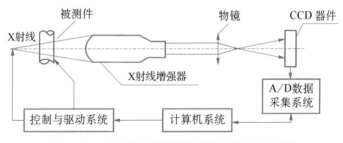

图 5-13　工业用 X 射线摄像检测系统原理示意图

　　顺便说一下,我们司空见惯的火车站、机场、地铁入口的安检机(图 5-14)与上述工业用 X 射线摄像检测系统是同样道理,都利用小剂量的 X 射线照射被检物品,X 射线透过被检物品,最后轰击半导体探测器(例如光电二极管阵列),探测器把 X 射线转变为信号,这些很弱的信号被放大,并送到信号处理机箱做进一步处理,计算机根据透过射线的变化,分析被穿透的物品的性质。显示屏上的图像是计算机模拟图像,主要突出显示有危险性质的物品(用颜色区分),如图 5-15 所示。许多日常用品会被忽略掉,不会显示出来。图 5-16 为安检员对旅客的行李进行安检。

图 5 - 14　安检机外形图

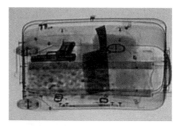

图 5 - 15　安检机过包图像

图 5 - 16　安检员在查看 X 射线安检机

　　拜访结束,我向王教授表示感谢,我说:"你的讲解令我顿开茅塞,增长不少知识,你知识渊博,我很敬佩,孔子说,'三人行,必有吾师焉'。"王教授谦虚地说:"你过奖了。其实'隔行如隔山',你研究的领域,有些我也不懂,我俩相互学习吧!"

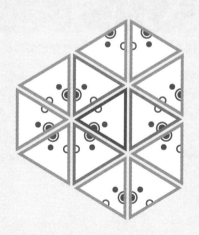

第6章

数码相机和智能手机

春　游

春意盎然百花艳，

师生郊游乐陶然。

相机手机齐举起，

摄下美拍作纪念。

　　（这首打油诗赞的是 CCD 和 CMOS 在照相中的
应用。）

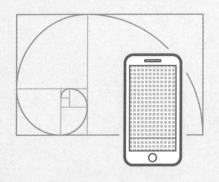

大地春回,芳郊绿遍,桃花点点,蝴蝶翩翩,莺歌燕舞,流水潺潺。正是踏青的好季节。

在一个春光明媚、阳光灿烂的日子,老师带着同学们去春游,兴趣盎然的你,不由地端起数码相机,拍下眼前的迷人景色。你在拍摄时可曾想到:相机里是什么东西,记录下这美好的春光,眼前的这万紫千红? 噢,原来那是 CCD 感光元件。

有的同学更时尚,掏出智能手机,按下快门,咔嚓一声,玩起自拍,此时你是否想过,这手机里又是什么东西,记录下你徜徉在春光里的形象? 噢,原来是 CMOS 感光元件。

CCD 和 CMOS 都是感光元件,又叫图像传感器或固体摄像器件,它们是现代光电成像系统不可缺少的部分,也是数码相机的重要部件。下面请王教授讲讲 CCD 和 CMOS 是如何用于照相的。

一、数码相机

数码相机(Digital Still Camera)又称为数字相机,简称 DSC,是 20 世纪末开发出的新型照相机,在拍摄和处理图像方面有着得天独厚的优势,有了它,几乎人人都可成为摄影师。数码相机实质上是一种非胶片相机,它采用 CCD 或 CMOS 作为光电转换器件,将被摄物体以数字形式记录在存储器中。数码相机与传统的照相机的主要区别在于它们的接收器,传统相机的接收器是感光胶片,而数码相机的接收器是 CCD 或 CMOS 图像传感器。图 6-1 为一款国产数码相机外形图。

数码相机有各种型号,结构也各

图 6-1 国产数码相机外形图

不相同。其基本结构如图 6 - 2 所示。

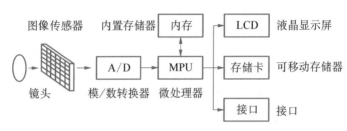

图 6 - 2　数码相机基本结构示意图

　　数码相机的构成一般说来，主要由光学镜头、图像传感器（CCD 或 CMOS）、模数转换器（A/D）、内置存储器、微处理器（MPU）、图像存储卡（可移动存储器）、液晶显示屏（LCD）、接口、电源等组成，有的相机还配有闪光灯。

　　先说镜头。镜头是数码相机的核心部件之一，是数码相机的眼睛，镜头的作用是将景物清晰地成在 CCD 或 CMOS 图像传感器上，并具备对焦、光圈和快门功能。当你调焦于某个景物，并按动快门时，镜头就将景物成像在图像传感器上，这个图像是光学图像。从成像原理上讲，数码相机的镜头与传统相机的镜头没有什么区别。

　　数码相机的镜头基本上是典型的广角短焦距镜头。通常 CCD 或 CMOS 的面积较小，目前民用数码相机中使用的 CCD 尺寸范围大约在 1/5～2/3 英寸，相当于国际单位 2.2 mm × 2.9 mm～6.6 mm×8.8 mm。比起 135 相机画幅 24 mm×36 mm 要小得多，因此数码相机光学系统的焦距一般较小，在几毫米至十几毫米，而相应的，其视场一般较大。

　　为了消除或减少在像面上可能出现的干扰图像，通常在光学系统中加入低通滤波器。此外，为消除 CCD 对红外光的感应，还加入红外滤光片（膜）。有时为降低 CCD 噪声，还加入蓝色滤镜

（膜）。由于普通数码相机的 CCD 比传统相机的胶片小得多,一般只有 1/3 英寸,或者 1/2 英寸,所以对镜头的分辨率要求比较高。图 6-3 所示为一典型的数码相机镜头光学系统示意图。

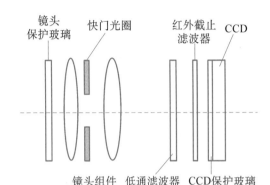

图 6-3 典型的数码相机镜头光学系统示意图

数码相机按其档次不同,其镜头基本结构可分为单反镜头和普通镜头。按其焦距不同,又可分为单焦距式、双焦距式和变焦距式。单反数码相机典型结构示意图如图 6-4 所示。单反镜头一般用于质量较高或专业型的高档数码相机中。普通镜头中单焦距式和双焦距式的结构比较简单、制造容易、成本低,一般用于中、低档数码相机中。而变焦距式镜头结构复杂,但因它兼有远摄(长焦)和广角(短焦)功能,所以用作中、高档数码相机镜头。目前带变焦距式镜头的数码相机是购买者的首选。

图像传感器是一种半导体芯片,即前面所说的 CCD 或 CMOS,其表面包含几十万到几百万个光敏元件。当光敏元件受光照射时,就会产生电荷,电荷的多少与光强成正比,光线越强,产生的电荷就越多,反之亦然。这样当按动数码相机的快门时,外面的景物通过镜头生成的光学图像就照射在图像传感器表面上,图像传感器则把光学图像转变为电荷图像,再转变为电信号(模拟信

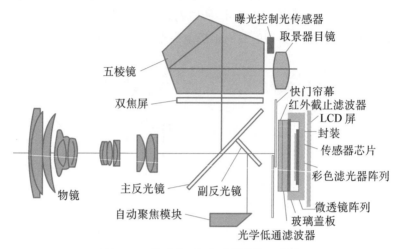

图 6-4 单反数码相机典型结构示意图

号);模拟信号经过模/数(A/D)转换器转换为数字图像信号;数字图像信号在微处理器中加工处理成特定格式的图像文件,如 JPG 格式;最后将数字图像文件送到内置存储器或可移动存储器(外存储卡)存储。这些过程是数码相机自动完成的。

此外数码相机还带有液晶显示屏(LCD),可以及时查看所拍的照片。接口的作用是为数码相机与其他设备连接提供一个通道。

以上就是数码相机的基本结构及数码相机基本的工作过程。

数码相机集成了影像信息的转换、存储和传输等多种部件,具有数字化存取、与计算机交互,并可实时拍摄等功能。因此数码相机有如下的特性:

(1) 成像快。数码相机随拍即看,可立即在液晶显示器、计算机显示器或电视上显示,可实时监视影像效果,也可随时删除不理想的图片。

（2）用途的多样性。数码照相机可以代替传统照相机用于拍摄，又可作为计算机的图像输入设备，其应用的广泛性是其他照相机和计算机的其他图像输入设备所不具备的。

（3）呈现的多样性。数码照相机拍摄得到的数字影像文件，不仅可像常规摄影一样得到纸质照片，还可以通过本身的彩色液晶显示器显示，或通过计算机显示屏呈现；有视频输出插口的数码相机，还可以将所拍摄的图像通过电视机显示观看；有些数码照相机还可以直接与打印机相连，所拍摄的照片直接打印出来。

（4）易加工处理。数码相机拍摄的照片可以很方便地用图像软件（例如 Photoshop）进行剪切、编辑、打印，制作电子相册，变换背景等，并可将影像存储在计算机中。

（5）快速远距离传送。用数码相机拍下的照片，可通过 E-mail、QQ 等网络工具，立即传输给亲朋好友，与之共享。

至于数码相机的使用大家都会，数码相机的日常保养大家也都知道，我就不赘述了。

数码相机于 20 世纪 80 年代首先出现在美国，经过许多年的发展，其技术日趋成熟，应用越来越广泛，性能不断加强，功能越来越完善，价格越来越便宜。正如那首古诗所说的："旧时王谢堂前燕，飞入寻常百姓家。"的确，现在数码相机正在走入寻常百姓家。

数码相机是在光学技术、光电传感技术、微电子技术及计算机技术的基础上发展起来的高科技产品，但是它并不神秘，使用起来比传统摄影更方便、更有利、更省时、更有趣，它进一步降低了摄影的门槛，使普通百姓都能成为摄影师。在用它时，你可不要忘记感光元件 CCD 和 CMOS 芯片的功劳啊！

二、智能手机

现在智能手机(图6-5)太普遍了,几乎人手一部,如今在人们生活中已经逐渐变得不可或缺。十多年前,我们对手机的理解,就是打电话、发短信,可以随身携带。几年前,手机功能不断拓展,新增了拍照等功能,用手机拍照似家常便饭,随时随地可做。手机为什么能拍照? 这些功能是通过手机上的摄像头实现的。也就是我在本章开头说过的,因为它里面有感光元件 CMOS 或 CCD,就像数码相机一样。

图6-5　智能手机外形图

随着手机的发展越来越迅猛,手机的摄像头已经从早期的10万像素一跃超过部分高端相机的像素,以 iPhone 4S 为例,该手机提供 800 万有效像素、1080p(1080p 是一种视频显示格式,字母 p 意为逐行扫描)全高清摄像以及极快的响应速度,足以满足一般用户的拍照需求,越来越多的人开始使用手机代替相机来拍照。手机拍照有几个好处:一是手机轻;二是手机拍照简单,拿起来就能拍,不需要设置和准备,有点"傻瓜相机"的味道;三是手机拍照方便,对于不会使用相机的用户,在自动对焦、自动补光等"傻瓜式"的操作方式下拍摄出来的照片,其效果甚至要超过单反拍出来的效果。对于喜欢自拍的用户来说,手机比相机照相更加方便。

　　智能手机的照相电路主要由主摄像头、前置摄像头、闪光灯、应用处理器、基带处理器等组成,照相电路的组成如图 6 - 6 所示,照相电路部件在智能手机中的位置如图 6 - 7 所示。

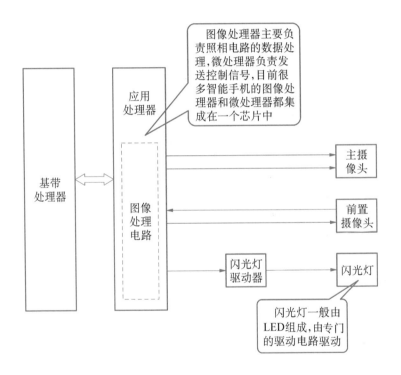

图 6 - 6　照相电路的组成[①]

　　① 引自张军等编著:《智能手机软硬件维修 从入门到精通》,北京:机械工业出版社,2015 年版,第 112 页。

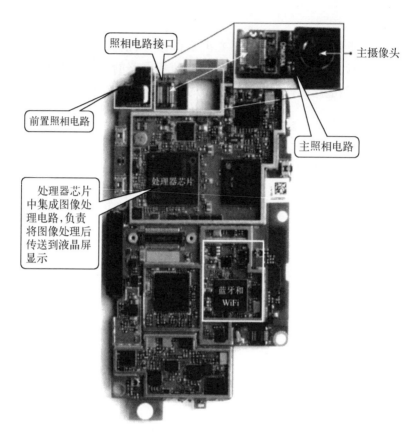

图6-7　照相电路部件在智能手机中的位置[1]

知识链接

应用处理器与基带处理器

应用处理器是伴随智能手机而发展起来的,全名叫多媒

————————

① 引自张军等编著:《智能手机软硬件维修 从入门到精通》,北京:机械工业出版社,2015年版,第112页。

体应用处理器,简称 MAP。应用处理器是在低功耗 CPU 的基础上扩展音频与视频功能和专用接口的超大规模集成电路。

　　基带处理器是手机的一个重要部件,负责数据处理与储存,主要组件为数字信号处理器(DSP)、微控制器(MCU)、内存(SRAM、Flash)等单元。它提供多媒体功能以及用于多媒体显示器、图像传感器和音频设备相关的接口。

　　从智能手机照相电路的构成可以看出,手机前后面都有摄像头,拍照甚为方便。

三、平板电脑

　　从 2010 年开始,平板电脑进入商业领域,在苹果 iPad 的引领下,平板电脑一路高歌猛进,成为最热门的数码产品之一,越来越多的人开始使用它。

　　平板电脑(简称平板或 Tablet PC)是一种小型、方便携带的个人电脑。平板电脑的构想是比尔·盖茨(图6-8)提出来的。目前的平板电脑按结构设计大致可分为两种类型,即集成键盘的"可变式平板电脑"和可外接键盘的"纯平板电脑",可变式平板电脑将键盘与电脑主机集成在一起,电脑主机则通过一个巧妙的结构与数位液晶屏紧密连接,这类平板电脑以触摸屏作为基本的输入设备。其触摸屏(也称为数位板技术)允许操作者通过触控笔或数字笔来进行作业,而不是用传统的键盘或鼠标。

图6-8 比尔·盖茨

平板电脑是 PC 家族新增加的一名成员,其外形介于笔记本电脑和掌上电脑之间,但其处理能力大于掌上电脑,与笔记本电脑相比,它除了拥有其所有功能外,还支持手写输入或者语音输入,移动性和便携性都更胜一筹,外观如图 6-9 所示。

(a) 可变式　　　　　　　　　(b) 纯平板

图 6-9　平板电脑外观

平板电脑除了电脑功能以外,还有照相、游戏等众多功能,使用较为方便。其拍照功能都是通过机内的 CCD 或 CMOS 摄像头实现的,这与数码相机或手机内的感光元件大同小异,这里不再重复。

推而广之,许多电子产品,要采集光学图像使之变为电信号,往往需采用 CCD 或 CMOS 图像传感器,即感光元件,所以,它们可称作无处不在的眼睛。

　　听完王教授的一番话,我甚有感触。我虽读了近 20 年书,又教了近 50 年书,可是对许多新产品或新事物,一无所知或知之甚少,在层出不穷的新科技面前,几乎成了"科盲",自觉惭愧。正所谓"书到用时方恨少,事非经过不知难"。所以我要像鲁迅先生说的:"倘能生存,我当然仍要学习。"在新事物面前,在新时代里,要与时俱进,不断刻苦努力。还要记住那句格言:"书山有路勤为径,学海无涯苦作舟。"

第 7 章

游国防园

游国防园

风和日丽星期天，
爷孙同游国防园。
孙子爬上坦克车，
爷去观看武器展。

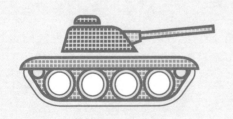

　　章始这首打油诗说的是,我和孙子参观国防园的事。一进园的大门,就看见一辆重型坦克威武雄壮地屹立在那里(图7-1),孙子不由分说就跟着其他孩子围了上去,我则去看国防知识展。只见在宽阔的林荫大道旁,竖立着一排展板(图7-2),展板上介绍了先进的武器装备。其中有一板专门介绍着CCD图像传感器在军事上的应用,这是我最感兴趣的,因为我对CCD情有独钟。我还对其中主要的内容做了简要的记录,现叙述如下,与大家分享。

图7-1　国防园里的坦克

图7-2　国防知识宣传展板

　　CCD图像传感器在军事上应用非常广泛,CCD相机主要用于战机、舰船和坦克等武器装备的图像探测部件,可见光CCD相机主要为侦察、制导、预警、瞄准等武器系统提供高清晰度、高分辨率的图像,并通过高速实时监控等技术,反馈战斗信息,从而提高部队作战和反应能力。

　　在不可见光成像领域,如X射线成像、红外线成像、紫外线成像等的应用也越来越广。军事方面的不可见光成像主要应用于夜视等。

　　随着CCD器件的迅速发展和对其研究的不断深入,其性能的不断提高为军事应用展现了更加光明的前景,CCD图像传感器在军事领域中发挥着越来越重要的作用,这里只介绍在探测方面的几个实例。

1. CCD 图像传感器在坦克红外夜视瞄准仪中的应用

从其工作原理来说,红外夜视瞄准仪可分为两大类,即主动式和被动式。主动式红外夜视瞄准仪由红外照明光源、红外摄像机、摄像机控制器、显示器等几部分组成。其工作原理如图 7-3 所示,红外光源发出红外光经目标反射后被红外摄像机获得,而后经摄像机控制器输出到显示器。

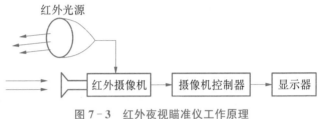

图 7-3　红外夜视瞄准仪工作原理

应用 CCD 摄像器件的红外摄像机结构原理如图 7-4 所示。目标反射回来的红外线经光学系统会聚至 CCD 上,产生的信号电流经放大器输出到下一级的摄像机控制器。

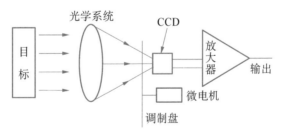

图 7-4　红外摄像机结构原理图

由于 CCD 与红外视像管相比有体积小、重量轻、功耗低、寿命长等优点,所以 CCD 摄像器件的应用非常广泛。

2. CCD 在武器装备无损检测中的应用

无损检测现在已成功运用于武器装备的检测中。X 射线光电检测系统就是一种比较好的无损检测手段,它主要用于武器装备的探伤,比如装甲车辆焊接部位的检查,飞机零件、发动机曲轴质量的探查等。通常,这类检查是采用高压(几百千伏)产生的硬 X 射线穿透零件进行拍片观察的。这种强度的 X 射线对人体危害极大,实际应用中很不方便。采用 X 射线光电检测系统对武器装备进行探伤,改变了过去的常规方式,克服了过去方法的缺点,具有安全、迅速、节约等多种优点,是一种较为理想的检测方法。图 7-5 为 X 射线光电检测系统的原理图。

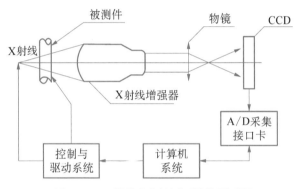

图 7-5　X 射线光电检测系统的原理图

该系统的工作过程是:X 射线穿透被测件投射到 X 射线增强器的阴极上,经过 X 射线增强器变换和增强的可见光图像为 CCD 所摄取,进一步变成视频信号。视频信号经采集卡采集并处理为数字信号送入计算机系统。计算机系统将送入的信号数据(含形状、尺寸、均匀性等数据)与原来存储在计算机系统中的数据比较,便可检测出误差数值等一系列数据来。检测的结果不仅可以显示或由外部设备打印记录下来,而且还可将差值数据转换为模拟信号,用以控制传送、分类等伺服机构,自动分拣合格与不合格产品,实现检测、分类自动化。

3. 军机用座舱 CCD 摄像机

就像汽车里的行车记录仪一样,军用战斗机也要记录飞行过程的情况或攻击的目标,过去通常是使用 16 mm 胶卷的摄像机;侦察机过去也是使用胶卷摄像机的,着陆后要经过几小时的胶卷显影方可取得情报,费时又费力。现在座舱里装上 CCD 摄像机,即可获取实时的侦察和战斗信息,随时随地可观看 CCD 摄像机的高空显示和真实图像视频记录,比过去的胶卷摄像在时间上缩短许多。20 世纪 70 年代,有的国家空军用 CCD 图像传感器制成广角摄像机,将其安装在侦察机上,在 60～900 m 高度,以 885 km/h 的飞行速度做了试验,当飞机飞越坦克和卡车等目标时,显示了极好的图像分辨率,经鉴定完全符合航空设备军用技术规范。随后陆续在许多战机上安装座舱 CCD 摄像机。

通过这次参观,我亲眼见到我国现代军事发展的巨大变化,感受祖国强大的军事力量。国家要强大,国防力量是最重要的。而武器的先进,是国防强大力量的保证。面对复杂的国际局势要不断增强综合国力,加强国防现代化建设,用先进的武器装备保卫世界和平及中国人民的幸福生活。

第8章

CCD用于医疗设备

贺华诞

悠悠建院八十年，
救治病员千千万。
华佗扁鹊疑再世，
德医双馨美名传。
救死扶伤济众生，
医科高峰敢登攀。
为国争光为人民，
医改路上谱新篇。
求恩精神传万代，
快马扬鞭永向前。

　　我有一家邻居,女士是我校医务室护士,男士姓徐,在人民医院医疗器械管理科工作,负责医院医疗设备的采购、安装调试、维护维修。俗话说:"邻里好,赛金宝。"我们两家互敬互帮,关系融洽。徐医生身材高大,一副帅哥模样。他热情健谈,为人豪爽,所以我们很谈得来。

　　有一天徐医生对我说:"最近我们医院 80 周年庆,组织了一场大型医疗设备展,一则展示改革开放 40 年来的光辉成就,二是普及医疗卫生知识,让广大群众了解和熟悉先进的医疗设备。你要不要去看看?"我说很乐意去。

　　我跟着徐医生来到医院的一个大厅,四周布满了展板,琳琅满目。我最感兴趣的是光电子成像技术在医疗设备上的应用,徐医生为我做了介绍。

　　光电子成像技术在医疗设备上的应用非常广泛,在许多医疗设备中都有 CCD、CMOS 等成像器件的身影。统计表明,医院中 1/3 的固定资产用在成像设备上,医生获取的 70% 以上的疾病信息是各类医用成像设备提供的。这当中既包括病人组织器官的形态图像信息,也包括功能图像信息。通常,医用成像系统提供的形态(解剖)图像包括 X 射线图像、X‐CT 图像、核磁共振图像、超声图像和电子内窥镜视频图像等;医用成像系统提供的功能(代谢)信息包括单光子发射体层成像(SPECT)、正电子发射体层成像(PET)、功能磁共振成像(FMRI)和灌注成像等。一个多世纪以来,医用成像的理论、技术和设备有了飞速的发展,为造福人类健康做出了突出的贡献。下面简要介绍五种医用成像设备的工作原理和构成。

　　1. 腹腔镜微创手术用的 CCD 摄像机

　　腹腔镜微创手术俗称小孔手术或钥匙孔手术(图 8‐1),是不开刀的手术,仅用摄像设备和特制的手术器械进行手术。这种手术是在患者腹部切开钥匙孔大小的切口,医生把一个管状腹腔镜插入患者体内。这样,在视频的监控下,医生就可以全面、直观、放大地了解腹腔内脏器的具体病情,并且一目了然地通过腹腔镜做手术。该腹腔镜的核心部分就是超微型CCD摄像机。

这种手术至少有五大优点:对人体创伤微小,创面出血少,疼痛轻,恢复快,住院时间短。

有人可能有这样的顾虑:"腹腔镜就用几个那么小的孔,手术能做干净吗?"其实这种顾虑没有必要。

开腹手术好比在门外面看屋内的情况,总有一些死角,有一些地方是不容易从门外触及的。而腹腔镜手术,由于将医用CCD摄像头放入了患者腹部,所以相当于手术医生站在屋子里,不仅可以仔细地观察屋内所有角落的情况,而且很容易接触到屋内的任何地方。并且现在的监视器都是高清大屏幕,能把腹腔内的脏器解剖结构显示得更清晰。众所周知:外科医生首先要看得清,才能切得准。

除了腹腔镜手术,这种腹腔镜还可对不明原因的腹腔、胸腔以及纵膈疾病进行直观诊断和取组织做病理诊断,现在还用于妇科、关节腔等有腔脏器的诊断和治疗。

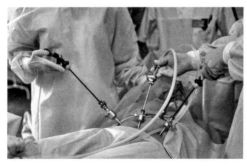

图 8-1　钥匙孔手术

这种能置于人体内的超微型 CCD 摄像机还可以由微型机器人做智能控制,给难度很高的"钥匙孔"手术带来了福音。这也是 CCD 摄像机微型化技术对微创外科手术做出的新贡献。

2. X 射线电视成像系统(X－TV)

从 1994 年起,国外普遍使用 CCD 医用 X 射线电视系统,在 500MA X 射线机、300MA X 射线机、C 臂机和移动式 X 射线机上几乎全部采用 CCD 摄像机,同时采用了数字去噪声技术,发展异常迅速。

图 8－2 所示的是一种功能较全的 X 射线电视成像系统,由 X 射线像增强器(一种把入射 X 射线透视图像转换为相应荧光图像的装置)把输入端的荧光层上的图像,通过其光电阴极转换为光电子图像,进而光电子以高能量轰击荧光屏,获得亮度大为增强的图像。其荧光屏的输出图像经光分配器分成三路:第一路传给 CCD 电视摄像机,输出视频图像;第二路传给单片照相机,获得单片 X 射线图像照片;第三路供给电影摄影机,记录受检体 X 射线透视动态图像,供会诊分析和医疗教学用。

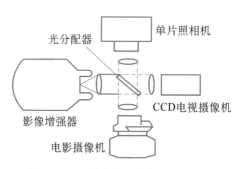

图 8－2　X 射线电视成像系统示意图

这种 X 射线电视成像系统的优点是:所需的 X 射线剂量大大降低;能实现隔室操作,使病人和医务人员免受过多剂量的 X 射线伤害;能够集拍照、直视、电视、电影于一体,为医疗诊断、会诊、教学和数字化远程传输,提供方便。

知识链接

X射线影像增强器

大家知道,X射线在荧光屏上的亮度是很弱的,不适宜使用电视摄像机直接进行图像摄取。解决这一困难的途径是利用影像增强器,先将X射线影像转换成可见光图像,并将其亮度提高数千倍,再进行摄像。影像增强器是由影像增强管、管容器、电源、光学系统以及支架(支持)部分组成。影像增强管,里面有输入屏(接受X射线辐射产生电子流)和输出屏(接受电子轰击发光),使前者增强数千倍亮度的图像在输出屏上成像。增强管是用玻璃制的真空管,从保护的目的考虑需要一个管容器,这个管容器还起着遮蔽X射线和屏蔽外界电磁场以及保护人体不受高压损害的作用。增强器还有一套电源。影像增强管是影像增强器的心脏部件,如图8-3所示。

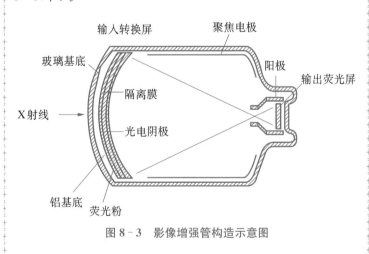

图8-3 影像增强管构造示意图

3. 视频喉镜

气管插管是急救时的一项重要抢救措施,主要用于确保心肺暂时停止的病人呼吸道畅通,向其输氧以防止脑细胞坏死。为了提高气管插管的成功率,减少气管损伤,视频喉镜被成功研制出来,如图 8 - 4 所示。这是一种新型的视频插管系统,其镜片前端安装一个高清晰度防雾 CCD 摄像头,并由两个发光二极管提供照明,通过光缆将图像传递到液晶显示器上。摄像头配备广角镜头,通过液晶显示器可以清晰、大范围地观察到咽喉部结构,以及导管插入声门的整个过程。由于支持视频输出,还可将手术过程的影像保存到录像机等设备上。

图 8 - 4
视频喉镜外形图

> 徐医生讲完这段话,休息一下。他忽然问我做过胃镜吗,我说做过光导纤维胃镜,他问我耐受性怎样,我说不大舒服,尤其是插到喉咙时,有点难过。徐医生说,的确,有人觉得胃镜肠镜检查太痛苦,所以想寻找一种既能看清消化道,又没什么痛苦的检查方式,事实上,医学界还真的存在这么一种检查,叫胶囊内窥镜或胶囊内镜。

4. 胶囊内窥镜

胶囊内窥镜全称为"智能胶囊消化道内镜系统",又称"医用无线内镜"。1994 年伦敦的一个研究组发布研制意向,1997 年用 CCD 技术的无线微型照相机获得第一张胃内镜图像。2000 年 4 月由以色列 GNEN 影像公司生产的胶囊内镜正式面世,其商品名为"杰文诊断图像系统",其后,世界上许多国家的研究人员纷纷开始了对消化道胶囊式微型诊疗系统的研发工作,各类胶囊内镜产品纷纷亮相,而且在功能上各有所长。

我国在胶囊内窥镜的研究上,也颇有成绩。2004年,重庆金山科技(集团)公司研制成功胶囊内窥镜,专用于消化道的病变探查,成为中国第一家研制出胶囊内窥镜的企业。北京新兴赛克医疗科技公司成功研制出 NORIKA 型胶囊内窥镜,包括微型 CCD 胶囊式相机、外部控制器、无线控制和操作胶囊的嵌入线圈的背心。2009年,磁控胶囊胃镜系统研制成功,这一系统在2013年正式进入市场,成为全球首台用于临床的磁控胶囊胃镜,实现了无创无痛无麻醉的胃部检查。

从外观上看,胶囊内镜和普通的胶囊差不多,最小的长约15毫米,直径不到10毫米。胶囊外壳由防水、抗腐蚀的特殊材料制成,故很光滑,利于吞咽,而且可防止物质在胶囊表面附着,以获取清晰的图像。

胶囊内窥镜类似于《西游记》中钻进铁扇公主肚子里的孙悟空,它进入胃肠道后,可以直视胃肠道黏膜,从而准确诊断消化道的疾病。

国产的杰文诊断图像系统由 M2A 胶囊内镜、无线接收记录仪、工作站三部分组成,其结构如图8-5所示。胶囊前端为光学区,内置广角镜头、发光二极管(LED)、CCD 图像传感器,中部为电池,尾部为发射器和天线。说得通俗一点,该系统就是一种带光源和带发射天线的微型数码相机或摄像机,它在胃肠中边缓慢移动,边拍照,并不断把图像信号发射出来。图8-6为无线胶囊内窥镜的外形图。

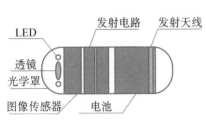

图8-5 无线胶囊内窥镜的结构图

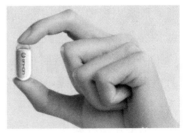

图8-6 无线胶囊内窥镜的外形图

　　胶囊内镜的工作原理是：受检者吞下胶囊后，借助消化道的蠕动在消化道内移动，并拍摄图像，随时把拍摄的图像传到体外的接收器上，并储存在接收器内，胶囊内镜则自然排出体外。医生利用体外的图像记录仪和影像工作站，了解受检者的整个消化道情况，从而对其病情做出诊断。胶囊内镜在肠道内的模拟像如图 8－7所示。

图 8－7　胶囊内镜在肠道内的模拟像

　　磁控胶囊胃镜长约 27 毫米，直径约 12 毫米，质量不足 5 克，在第一代胶囊内镜的基础上，内植永久性微型磁极。与上面那种胶囊依靠消化道的蠕动在消化道内被动移动不同，磁控胶囊依靠体外磁场，精确控制进入人体内，磁控胶囊内镜的运动、姿态和方向实现主动控制，具有精准拍摄的功能，主要用于小肠疾病的诊断，也可用于胃等消化道疾病的诊断。

　　胶囊内镜具有检查方便、无创伤、无交叉感染、扩展了消化道检查的视野等优点，最大优点就是没有痛苦，吃一粒胶囊内镜下去，就能检查，不需要用任何麻醉药。它克服了传统的插入式内镜耐受性差、不适用于年老体弱和危重病人等缺陷，可作为消化道疾病尤其是小肠疾病诊断的首选方法。这项技术最大的突破点就是对小肠疾病的诊断，因为小肠的长度长，过去除了钡餐的间接诊断，无法直接看到小肠，而胶囊内镜解决了这一问题。

不过它也有一定的缺点,比如不能进行活检,如果在消化道内发现了病变,它不能进行治疗,但胃镜肠镜可以。此外胶囊内镜还不能充气,而在胃肠道不充气的情况下,有些疾病是无法观察到的。

尽管如此,自 2001 年至今,胶囊内镜经历 18 年的发展,越来越完善,目前已经成为重要的消化道疾病的检查手段。

虽说胶囊内镜已经被正式使用,但正是因为它是高科技,昂贵的成本便不可避免,高昂的使用费用令许多人望而却步,因此如何让更多的普通人享用到高科技才是胶囊内镜未来需要努力的方向。

5. 牙科用 CCD 数字 X 射线成像系统

这款医疗设备由 X 射线图像处理装置、CCD 传感器、AC 适配器、CCD 传感器用的一次性套子、本体架、接口电缆、受信软件组成。它与牙科 X 射线装置配合使用,用 X 射线 CCD 传感器取代传统的 X 射线胶片,拍摄牙齿和牙齿周围组织,采集数字信号并送至计算机。

本来,对于大多数 CCD 器件来说,是不能够直接对 X 射线成像的。但是可以对 CCD 器件做特殊工艺处理,例如,在成像区表面镀一层碘化铯或碘化钠荧光层,X 射线打到荧光层上,就可转换为可见光,从而被 CCD 所接收,并且输出图像。

听徐医生一番介绍,我顿开茅塞,也非常感动。回想人民医院 80 年来勇攀科技高峰,不断推出了高科技医学诊断设备,救死扶伤、为人民健康服务,特别是我情有独钟的 CCD 和 CMOS 图像传感器在医学诊断领域中起着电子眼的作用,为提高医生诊断疾病的精确度和准确度做出了贡献,我十分高兴。

第9章

CCD 与遥感

［鹧鸪天］遥感颂

遥感平台凌九天，
运载高新千里眼，
俯瞰锦绣好山河，
发回数据千千万。
察风雨，找资源，
精确拍摄人人赞，
搏击长空绘美图，
为国为民做贡献。

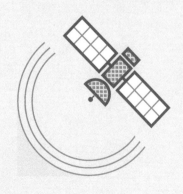

这首《鹧鸪天》颂的是航天遥感。提起遥感，使我想起多年前的一段往事。回忆如一叶轻舟，载我回到 20 多年前。那时我接到一项科研任务：与电子系和地理系几位老师合作，研制基于 CCD 图像传感器的遥感器。我经过一番调研，写成一篇开题报告，大致内容如下。

一、遥感的基本概念

遥感顾名思义是"遥远的感知"，通常是指在航天或航空平台上对地球系统或其他天体进行特定电磁波谱段的成像观测，进而获取被观测对象多方面特征信息的技术（图 9 - 1）。换句话说，遥感是应用探测仪器，不与探测目标相接触，从远处把目标的电磁波特性记录下来，通过分析，揭示出物体的特征性质及其变化的综合性探测技术。也可以说，遥感是雷达的引申和推广，用来探测远距离物体的位置、大小和性质等有关信息。

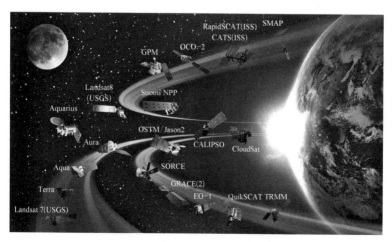

图 9 - 1　NASA 对地观测卫星示意图

遥感是 20 世纪 60 年代发展起来的对地观测综合性技术。经过半个多世纪的发展,遥感技术已进入新的阶段。遥感被广泛应用于军事、地质、水文、农业、海洋、气象等许多领域。

二、遥感系统

根据遥感的定义,遥感系统包括:被测目标的信息特征、信息的获取、信息的传输与记录、信息的处理和信息的应用五大部分,如图 9 - 2 所示。

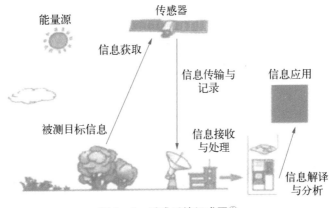

图 9 - 2 遥感系统组成图[①]

(1)被测目标的信息特征:目标物发射、反射和吸收电磁波的特性,是遥感的信息源,也是遥感探测的依据。

(2)信息的获取:接收、记录目标物电磁波特征的仪器,称为传感器或遥感器。如扫描仪、雷达、摄影机、摄像机、辐射计等。

运载传感器的平台称遥感平台,主要有地面平台(如遥感车)、

---

① 引自苏涛主编:《遥感原理与应用》,北京:煤炭工业出版社,2015 年版,第 3 页。

空中平台(如飞机、气球、无人机等)、空间平台(如火箭、人造卫星、宇宙飞船、空间实验室、航天飞机等),如图9-3所示。

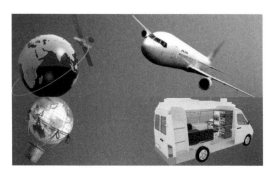

图9-3　几种遥感平台

(3)信息的传输与记录:遥感器接收到目标地物的电磁波信息,记录在数字磁介质或胶片上。遥感信息向地面传输有两种方式,即直接回收和视频传输。直接回收是待运载工具返回地面后再传送给地面接收站;视频传输是指传感器将接收到的物体反射或发射的电磁波信息,经过光电转换,通过无线电传送到地面接收站。

(4)信息的处理:指运用光学仪器和计算机设备对所获取的遥感信息进行校正、分析和解释处理的技术过程。目的是掌握或清除遥感原始信息的误差,梳理、归纳出被探测目标物的影像特征,然后依据特征从遥感信息中识别并提取所需的有用信息。

(5)信息的应用:遥感获取信息是为了应用。这项工作由各专业人员按不同的目的将遥感信息应用于各业务领域。在应用过程中,也需要大量的信息处理和分析,如不同遥感信息的融合及遥感与非遥感信息的复合等。

三、遥感的类型

遥感的分类方法很多,主要有下列几种:

1. 按遥感平台分类

地面遥感:传感器设置在地面平台上,如车载、船载、手提、固定或活动高架平台等;

航空遥感:传感器设置于航空器上,主要是飞机、无人机、气球等;

航天遥感:传感器设置于环地球的航天器上,如人造地球卫星、航天飞机、空间站、火箭等;

航宇遥感:传感器设置于星际飞船上,指对地月系统外的目标的探测。

2. 按探测波段分类

紫外遥感:探测波段在 $0.05\sim0.38\ \mu m$ 之间;

可见光遥感:探测波段在 $0.38\sim0.76\ \mu m$ 之间;

红外遥感:探测波段在 $0.76\sim1\ 000\ \mu m$ 之间;

微波遥感:探测波段在 $1\ mm\sim1\ m$ 之间;

多波段遥感:指探测波段在可见光波段和红外波段范围内,再分成若干窄波段来探测目标。

3. 按工作方式分类

主动遥感:主动遥感由探测器主动发射一定电磁波能量并接收目标的后向散射信号;

被动遥感:遥感器不向目标发射电磁波,被动接收目标物的自身发射和对自然辐射源的反射能量。

4. 按遥感资料的记录方式分类

成像遥感:传感器将所探测到的强弱不同的地物电磁波辐射(发射或反射),转换成深浅不同的色调构成直观图像的遥感资料形式,如航空像片、卫星图像等。

非成像遥感:传感器将探测到的地物电磁波辐射(发射或反射),转换成相应的模拟信号(如电压或电流信号)或数字化输出,或者记录在磁带上面构成非成像方式的遥感资料,如陆地卫星、CCT 数字磁带等。

 知识链接

CCT 数字磁带

CCT 数字磁带指计算机兼容磁带,是符合计算机工业标准的数字磁带,简称 CCT 磁带,如记录有陆地卫星多光谱扫描影像数字数据的磁带产品。记录遥感影像数据的磁带一般有 7 和 9 两种磁道。7 磁道是 6 位,用于记录一个像元亮度值(0~63)加一个奇偶检验位;9 磁道有 8 位,用于记录像元亮度值(0~255)。此外,各种模拟式遥感影像,如航空、航天像片以及模拟磁带,均可通过影像数字化和模—数转换成为 CCT 磁带。

四、遥感成像系统的特性参数

(1) 空间分辨率:是指遥感图像上能够详细区分的最小单元的尺寸和大小,是用来表征遥感图像分辨地面目标细节能力的指标。

(2) 时间分辨率:对同一目标进行重复探测时,相邻两次探测的时间间隔。间隔越小,时间分辨率越高。通俗的叫法是探测重复周期。

(3) 光谱分辨率:指遥感器所能记录的电磁波谱中,某一特定的波长范围值,波长范围值越宽,光谱分辨率越低。

(4)辐射分辨率:表征遥感器能探测到的最小辐射(反射)功率值,归结到影像上是指影像记录灰度值的最小差值。

五、常见遥感器

遥感传感器是获取遥感数据的关键设备,由于设计和获取数据的特点不同,传感器的种类繁多,但是任何传感器都包含四个基本组成部分——收集器、探测器、处理器和输出器,如图9-4所示。

图9-4 遥感传感器的基本组成部分

收集器用来收集地物辐射来的能量,例如,透镜组、反射镜组、天线等。探测器将收集的辐射能转变成化学能或电能,例如,感光胶片、光电管、光敏和热敏探测元件、共振腔谐振器等。处理器对收集的信号进行处理,具体的处理器有两类,即摄影处理装置和电子处理装置。输出器输出获取的数据,例如,扫描晒像仪、阴极射线管、电视显像管等。

目前遥感中使用的传感器大体上有如下一些类型:

(1)摄影类型的传感器:最普通而又最老资格的遥感传感器就是摄影机,遥感用的航空摄影机的结构和工作原理跟普通摄影机差不多,它主要由摄影机主体、操作控制器和座架三部分组成。此外还有红外摄影、多光谱(多波段)摄影、紫外摄影和全息摄影。

(2)扫描成像类型的传感器:有两种扫描方式,一种称为光学机械式,如遥感用的多光谱扫描仪(MSS)及红外扫描仪;另一种为电子扫描方式,如电视摄像机,CCD 或 ICCD 成像器件。此类扫描系统一般分辨率比较高,但扫描宽幅比较小。

(3)雷达成像类型的传感器:利用波长 1 cm～1 m 的微波波段进行遥感,是主动式、成像式、微波传感器。其工作原理为:发射机产生脉冲信号,由转换开关控制,经天线向观测地区发射,地物反射脉冲信号也由转换开关控制进入接收机,接收的信号在显示器上显示,或记录在磁带上。雷达有三种类型:真实孔径侧视雷达、合成孔径雷达、相干雷达。

这种类型的传感器的优点:全天时工作,有一定的穿透能力,可以探测地物的微波特性,可以采用多种频率、多个视角记录目标的距离信息,同时还记录了目标的相位信息。

缺点:不能记录与颜色有关的信息,影像解释困难,遥感器系统设备复杂,价格昂贵,影像获取困难,影像变形情况复杂,几何校正复杂,技术难度高。

(4)非图像类型的传感器:"非图像类型"的遥感传感器,得到的是研究对象的高度、温度、浓度等方面的具体数据,而非图像。当它们与图像配合应用时,各自取长补短,进一步发挥遥感的作用。雷达散射计是一种非图像类型的传感器,它可用来探测云、雨、雪等的性质,还能观测海面的波浪、油膜等现象。

以上各种遥感器都有各自的特点和应用范围,它们在遥感领域里各显其能,并且可以互相补充。例如,光学航空摄影机的特点是空间几何分辨率高,解释较易,但只能在有光照和晴朗的天气条件下使用,在黑夜和云雾雨天时不能使用。CCD 成像扫描仪的环境适应性强,集成度高,体积小,寿命长,但也有带状噪声干扰和扫描幅度小的缺点。微波辐射计的特点是能昼夜使用,温度分辨率高,但也常受气候条件的影响,特别是微波辐射计的空间分辨率低更使它在应用上受到限制。侧视雷达一类有源微波遥感器的特点是能昼夜使用,基本上能适应各种气候条件(特别恶劣的天气除外），侧视雷达是微波遥感中的佼佼者，在国防和国民经济中都有许多重要用途。现在各国科学家正使传感器代代更新，相信更先进的传感器会不断产生。

六、扫描成像类传感器

扫描成像类型的传感器是逐点运行地以时序方式获取二维图像，有两种主要的形式：一是对物面扫描的成像仪。它的特点是对地面直接扫描成像。这类仪器有红外扫描仪、多光谱扫描仪、成像光谱仪，以及多频段频谱仪等。二是对像面扫描的成像仪。它是瞬间在像面上先形成一条线的图像，或者是一幅二维影像，然后对影像进行扫描成像。这类仪器有线阵列 CCD 推扫式成像仪、电视摄像机等。

CCD 作为成像的核心已经应用于遥感领域，由 CCD 构成的扫描仪为"固体扫描仪"。

固体扫描仪的设计思路是：把称为"MOS 电容器"的半导体感光元件高密度地排列在一起，组成一个探测元件的"阵列"，就像一把刷子，一刷过去就一大排。因此，这种扫描仪又有"刷式扫描仪"的称号。一个长约 2 厘米，宽约 1 厘米的线阵 CCD 器件就可排列2 040 个探测元件，甚至更多个。

推扫式固体扫描仪，采用线阵或面阵 CCD 作为感光元件（探测元件），这些探测元件在垂直于飞行方向上做横向排列，当飞行器向前飞行时，排列的探测元件就好像扫帚扫地一样扫出一条连续的带状轨迹，从而得到目标物的二维信息（图像），如图 9 - 5 所示。

光机扫描仪是利用旋转镜扫描，一个像元一个像元地进行采光；而推扫式固体扫描仪是通过光学系统一次获得一条线的图像，不需要用旋转镜扫描，以推扫的方式获取沿飞行方向的连续图像

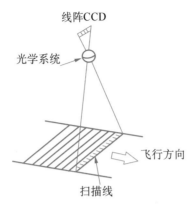

图 9 - 5 推扫式固体扫描仪工作示意图

条带,它用的是电子扫描。推扫式扫描仪代表了新一代遥感器的扫描方式,人造卫星上携带的推扫式扫描仪由于没有光机扫描那样的机械运动部分,所以结构上可靠性高,被应用在许多遥感平台中。例如,法国 SPOT(斯波特)卫星上的固体扫描仪采用三排线阵 CCD 作为图像传感器,每排 1 000 个光电二极管,采用推扫方式成像,消除了扫描机构,使遥感器结构大为简化,并且由于 CCD 像元比分立探测器尺寸小得多,在同样地面分辨率条件下成像物镜的焦距较短,因而缩小了遥感器的体积。从 800 km 的高空扫描地面时,地面分辨率可达 20 m× 20 m。它用可见光成像,称为高分辨率可见光图像扫描仪(HRY)。

推扫式固体扫描仪的优点是:环境适应性强;集成度高、体积小、抗电磁干扰能力强,寿命长;灵敏度高;具有较高的影像分辨率,影像畸变小;容易实现数字化输出。

推扫式固体扫描仪的缺点是:光谱灵敏度有限,只能在可见光和近红外(波长 1.2 μm 以内)区直接响应地物辐射来的电磁波。此类扫描仪扫描宽幅比较小。当感光元件灵敏度差时,往往产生噪声。

自 20 世纪 70 年代末以来,中国遥感科学技术开始了自己的发展历程,进入 21 世纪以后,我国遥感事业得到快速发展,新成果新产品层出不穷。例如,燕山大学与西安空间无线电技术研究所、北京空间机电研究所合作,为我国"资源一号"卫星研制成功多光谱 CCD 相机[①],并已在轨运行,获得了大量高质量的地面多光谱图像。下面进行简要介绍。

我国研制的星载多光谱 CCD 相机,采用线阵 CCD 推扫方式成像,具有蓝、绿、红、近红外、全色五个成像谱段,在轨工作时地面像元分辨率为 20 m,覆盖宽度为 113 km。相机光学系统采用单镜头,镜头焦距为 520 mm,每个谱段的探测器阵列由三片线阵 CCD 组成,每片 2 048 像元,以实现地面宽覆盖成像。多片 CCD 信号采用串行读出方式,使 CCD 形成两路视频信号,输出给数据传输系统。

该相机原理框图如图 9 - 6 所示。它由光学系统、焦面组件和电子电路系统组成。光学系统包括摆镜、物镜、分色棱镜、CCD 拼接棱镜及定标装置。焦面组件主要由分色棱镜、拼接棱镜、CCD 器件、驱动电路等部分组成。电子电路系统包括时序产生电路、CCD 驱动电路及视频处理电路,如图 9 - 7 所示。在外时钟和同步信号作用下,驱动多片 CCD 按一定格式工作,并对 CCD 输出的视频信号进行处理。处理后的视频信号送到数据传输系统传回地面。

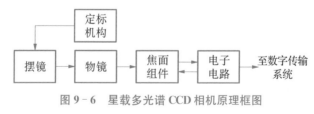

图 9 - 6 星载多光谱 CCD 相机原理框图

---

① 焦斌亮,王朝晖,林可祥,薛永志. 星载多光谱 CCD 相机研究[J].仪器仪表学报,25(2),2004.

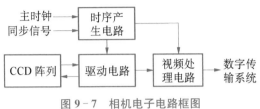

图 9-7 相机电子电路框图

根据地面像元分辨率、覆盖宽度、轨道高度等要求计算，CCD线阵像元数应该在 6 000 以上。CCD 选择美国仙童公司的 CCD 143A，其有效像元数为 2 048，像元尺寸 13 μm×13 μm。由三片 CCD143A 用拼接棱镜拼接成一个长线列，可以满足阵列像元数 6 000 的要求。

资源一号卫星 CCD 相机的性能与法国于 1986 年和 1990 年分别发射的 SPOT（斯波特）1 号和 2 号卫星携带的 CCD 相机的性能相当。

我们申请研制的报告，得到科技处和上级有关部门的批准，于是课题组开始研制工作。起初还是顺利的，我们的科研像走在宽阔平坦的大路上，两旁开满鲜花。但过了一段时间就遭遇到困难，从理论上看是清楚的，但实际操作就不那么容易了，材料、资金、工艺、技术等都出现了问题，我们的科研又像走进了茂密的森林，遮天蔽日，昏暗幽深，荆棘拦路。这时有的人想打"退堂鼓"。幸好科研处助我们一把力，帮助我们找来电子工厂和航天研究所这两个合作伙伴，为我们课题组注入新鲜血液，形成"产、学、研"集合体，使我们充满活力，效率增强，克服重重困难，不久便制出两台样机，送去测试。这便似"远山初见疑无路，曲径徐行渐有村"（强彦文诗句）。

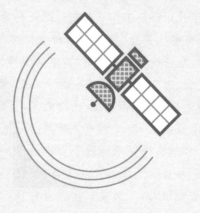

第10章

黑暗中的眼睛

夜视仪颂

你是指挥官的助手,
战士们的好伙伴。
从西北到东南,
从海防到边关,
你永不疲倦的眼睛,
保卫着祖国安全。
在你的身体里,
隐藏着微光成像器件,
在漫漫黑夜里,
你警惕地把敌情察看。
敌人胆敢来侵犯,
就将它消灭在国门前。

（这首歌词,歌颂的是军用微光夜视仪。）

　　那一年,我被派去做大一新生的班主任。按惯例新生入学要参加军训,我带的那个班自然也免不了,而且我也要参加。头几天除了操练,还要上军事知识课,讲课的张教官是电子科技大学毕业的,人长得高大英俊,配上崭新的军官服,那真是英姿飒爽。不仅如此,张教官口才很好,知识渊博,讲起军事知识来,口若悬河,很受学生的欢迎。有一天他讲现代战争与新式武器,其中有关于夜战的知识,在讲微光夜视仪时,提到 CCD 在微光夜视仪中的应用,引起我很大的兴趣。我把他的演讲,认真地做了笔记,现整理如下。

一、微光夜视

　　这里介绍的夜视是指在夜间利用夜黑条件隐蔽自己,同时又通过使用微光夜视器材,巧妙地去探察敌人,进而去打击敌人。

　　广义上讲,"微光夜视"是专门研究在夜晚光或能见度不良条件下,实现光电子图像信息之间相互转换、增强、处理、显示等过程的技术。

　　提起微光夜视,首先想到的是猫的眼睛。在伸手不见五指的黑夜,狡猾的老鼠却逃不过猫锐利的眼睛。猫发现了老鼠,忽地往前一跃,就抓住了猎物。猫的眼睛为什么能在黑暗中看得清眼前的一切呢? 原因就在于猫眼的特殊构造。猫眼的视网膜上具有圆锥细胞和圆柱细胞,圆锥细胞能感受白昼普通光的光强和颜色;圆柱细胞能感受夜间的微光,而且圆柱细胞比较多,所以它不但白天能活动,漆黑的夜里也能看见东西。另外,猫眼的瞳孔能够随着光的强弱自动变小变大。光很强时,瞳孔缩成细缝(图 10 - 1 中上图),而在光线十分微弱的夜晚瞳孔又呈圆形(图 10 - 1 中下图),能让较多的光线进入眼内,使得猫在黑暗中能看清楚物体。试问,

图 10-1　白天和夜晚的猫眼

在探索夜视技术的征程中,我们能不能从猫眼得到些启示呢?

大家都知道,在夜晚环境中仍存在少量的自然光,如月光、星光等,由于它们和太阳光比起来十分微弱,所以把它们叫作微光。在夜间微光条件下,由于光照度不够和人眼睛生理条件的限制,人一般是无法看清东西的。不过,夜晚环境除了存在微光外,还有大量的红外线。

于是科学家就想到利用微光和红外线扩展人们的视力。一是设法将微光增强;二是将人们看不见的红外线转换成可见光。通过这两个途径使人们在夜间低照度条件下进行观察的技术,就叫作夜视技术。从技术角度上看,夜视技术是指应用光电探测和成像器材,将夜间肉眼不可视目标转换(或增强)成可视影像的信息,并进行采集、处理和显示的技术。

用夜视技术制成的各种夜视仪器,统称为夜视器材,例如,微光夜视仪,人们称之为"黑暗中的眼睛"。

夜视技术的发展和夜视器材的应用,给作战带来了很大的帮助。比如,可以方便地进行夜间观察和侦察,还可以顺利地进行夜间驾驶和夜间的瞄准射击;指挥员可以十分隐蔽地查明敌情,有效地组织战斗。为了提高夜战的战斗能力,微光夜视仪已成为部队的常规装备。

海湾战争、科索沃战争等几场高技术局部战争,都是在夜间开始的。许多空袭轰炸也是在夜间进行的。因此夜战训练已成为各国军队训练的重点。夜战训练的主要目标便是抢夺制夜权。可以说,当今世界不能夜战的军队,注定是要失败的。

> 下面讲一个夜战的故事。
>
> 在一个伸手不见五指的黑夜里,一小股武装敌人正准备偷越我边境,他们巧妙地伪装起来,悄悄地匍匐着向我方靠近。他们以为夜黑风高,我方哨兵不会察觉。哪知道我边防战士已配备了"人造猫眼"——微光夜视仪。我方用微光夜视仪扫视前方,已发现了敌情。
>
> 我边防战士一面严密监视敌人行动,一面迅速迂回包抄,等敌人全部到了我境内并进行集结时,我边防战士如神兵天降,从四面八方包围了敌人,敌人只得乖乖放下武器,全都成了俘虏。在这场兵不血刃的战斗中,微光夜视仪在关键时刻起了很大作用。

从上面这个故事可以看出,微光夜视仪是观察肉眼看不见的景物之助视利器。微光夜视仪能将夜幕下的目标和场景亮度提高 10 万倍,是低照度条件下观察 800～1 000 米范围内目标的最有效助视工具。在星光下它能发现 1 000 米以内的人员,4 000 米以内的坦克,8 000～12 000 米范围的无亮光的船。所以说有效视距 800～1 500 米的微光夜视仪有助于增强部队夜间作战能力和生存能力。

军用微光夜视仪主要有三大类:

(1) 驾驶用夜视镜,要求夜视镜能形成直观的景物图像,且整机轻便,佩戴舒适,如夜视眼镜、夜视头盔(图 10-2、图 10-3);

(2) 轻武器夜间瞄准镜,要求其重量轻,成像倍率达到 3～7 倍,视距 1 000 米以上,如轻型瞄准镜(图 10-4);

(3) 远距离观察镜,要求其成像倍率大,视距能延伸到 5 000～6 000 米,如远距离夜视取证仪(图 10-5)。

三种应用最广的微光夜视器材是:微光夜视仪(像增强器)、微光电视摄像管和微光 CCD 摄像器。传统的微光像增强器件是电真空类型的微光像增强器（增像管），微光夜视仪实质上是内装像增强管的望远镜。微光 CCD 摄像器件则是新一代微光像增强器件。

图 10-2　微光夜视眼镜外形图

图 10-3　夜视头盔

图 10-4　配用微光瞄准镜的 95 式步枪

图 10-5　远距离夜视仪

无论哪种微光夜视仪器，都分别采用光学和电子技术实现亮度增强，仪器含两大核心部件：

（1）集光成像部件。物镜收集目标所反射的夜晚微光，在像增强器件的阴极面形成目标的像。物镜和目镜组成视角放大系统。

（2）波长转换与亮度增强部件。像增强器件具有图像亮度增强和波长转换双重功能。

增像管是一种电真空直接成像器件，一般由光电阴极、电子光学系统和荧光屏等组成。光电阴极由砷化镓材料制造，当物镜将微光图像投射到光电阴极上时，阴极面内侧的光电发射材料发出电子，于是，光电阴极把输入到它上面的微弱光辐射图像转换为电子图像。电子光学系统将电子图像传递到荧光屏,在传递过程中增强电子能量,荧光屏完成电光转换,即将电子图像转换为可见光图像,这是光—电—光的两次转换过程。图像的亮度在增像管被增强很多,在夜间或低照度下就可以直接进行观察。自 20 世纪 60 年代以来,增像管经历了四次技术创新,相应的增像管被称为一代、二代、三代和四代管。第三代增像管的光谱响应频段宽,分辨率和系统的视距都比第二代有明显提高。但第三代微光夜视仪工艺复杂,造价昂贵。

二、微光 CCD 摄像器件

由于 CCD 阵列各像元的暗电流较大(一般为 10 nA),加之均匀性较差,通常不宜直接用于微光摄像。不过,对 CCD 器件采取一定的技术措施,就可以将它用于微光夜视了。常用的措施包括制冷、图像增强、电子轰击增强和体内沟道传输等。CCD 用于探测可见光时具有量子效率高、动态范围大、成像畸变小、可以高帧频输出等独特优点。

1. 制冷 CCD

对 CCD 制冷可以明显降低其内部的噪声,从而使之适于在微光条件下使用。例如,将 800×800 元面阵 CCD 冷却至 $-100℃$ 时,每个像素的读出噪声约为 15 个电子,这就可以在低照度条件下摄像了。

2. 图像增强 CCD

利用微光像增强器的图像增强功能,将微光像增强管耦合到电荷耦合器件(CCD)上即构成微光图像增强 CCD(简称 ICCD)。ICCD 的灵敏度达到 10^{-4} lx 以下。

实现 ICCD 的一种途径是:将像增强管荧光屏上产生的可见光图像通过光纤光锥直接耦合到普通 CCD 芯片上(图 10-6)。或者把像增强管和 CCD 对接起来,制成能在照度低至 10^{-6} lx 条件下成像的组合型 ICCD 摄像器(图 $10-7$)。

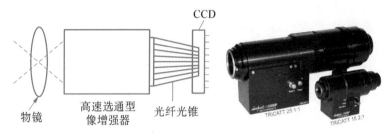

CCD

物镜   高速选通型   光纤光锥
像增强器

图 $10-6$ 光纤光锥耦合方式   图 $10-7$ ICCD 图像增强器外形

像增强器内光子—电子的多次转换过程使图像质量受到损失,光锥中光纤光栅干涉波纹、折断和耦合损失,都将使 ICCD 输出噪声增加、对比度下降及动态范围减小,影响成像质量。ICCD 中所用的像增强器可以是一代、二代或三代器件。

3. 电子轰击增强 CCD

电子轰击增强 CCD(简称 EBCCD)以 CCD 面阵取代像增强器的荧光屏,接受加速电子的轰击,达到"增强"的目的。电子轰击增强 CCD 采用电子从"光电阴极"直接射入 CCD 基体的成像方法,简化了光子被多次转换的过程,信噪比大大提高。EBCCD 的优点是体积小、重量轻、可靠性高、分辨率高及对比度好。

一种方案是用砷化镓光电阴极探测景物微光,用 CCD 接收光

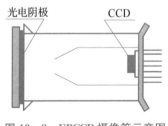

光电阴极   CCD

图 $10-8$ EBCCD 摄像管示意图

电阴极发射的光电子,产生视频电信号。这种光电阴极和背透式 CCD 器件(作为阳极)组合而成的新器件被命名为"电子轰击 CCD 摄像管"(即 EBCCD 摄像管,图 $10-8$),是现阶段在 10^{-6} lx 微光条件下性能最优的微光成像探测器。

張教官讲到这里，一位学生举手提问："微光夜视仪有哪些应用呢？张教官说这个问题提得好，我正要讲这个话题。"

三、微光夜视仪的应用

最初微光夜视仪器多半应用于军事，成为侦察监视系统（及武器火控系统、制导系统）的"眼睛"。诸如微光观察、瞄准、测距、跟踪、制导和告警等都会用到它。

此外微光夜视仪器还可用于天文、遥感、交通、地质、海洋、公安、保安、医疗、生物等部门。在公安、边防战线，带像增强管的摄像、照相设备是监视犯罪分子和隐蔽取证的有效工具。微光夜视仪器还可用于内窥镜观测、水下考察和核物理实验观测等方面。

话又说回来，尽管这些年来微光新技术、新器件和新系统的创新研发取得累累硕果，但是现有夜视器材的使用效果还未达到令人满意的水准。正像"金无足赤，人无完人"一样，夜视器材还存在很多技术上的局限性。各种夜视器材的作用距离与观察效果，都受地形、地物和气象条件的影响；有的装置能耗高、太笨重、太昂贵；微光夜视仪至今仍达不到在黑夜"看远"和"看清"的要求。

人们寄希望于 21 世纪微光夜视器材有新的进步，克服缺点，更加完善。

张教官演讲完毕，学员们报以热烈的掌声。

第11章

条形码识读器

条形码颂

神奇二维条形码，
方块图形密麻麻，
光电设备扫一扫，
内含信息全觉察。
条码用途宽又广，
实现管理自动化，
手机上网和支付，
生活方便你我他。

（这首七言打油诗，颂的是当前流行的条形码。）

现代,任何人对条形码都不陌生,它已经渗透到我们生活的方方面面。在超级市场里,常常看到收银员将商品外包装上的条形码放在条形码阅读器上轻轻划过,电脑显示屏上就会立刻出现该商品的名称、单价等信息。这实际上是计算机联机系统通过条形码阅读器(又称条码扫描器或识读器)读入条形码数据,然后将结果显示出来的过程。你可知道在条形码阅读器里也有 CCD/CMOS 感光元件的身影?

一、条形码的发展历史

条形码是由美国的诺姆·伍德兰(N.T.Woodland)在 1949 年首先提出的,近年来,随着计算机应用的普及,条形码的应用得到很大发展。条形码扫描技术由于其快速、准确、成本低、可靠性高等优点受到了越来越多人的青睐,被广泛地应用在商业、图书管理、仓储、邮电、交通和工业生产过程控制等领域。

众所周知,条形码分为一维条形码和二维条形码,它们像哥儿俩。

"哥哥"一维条形码是通常所说的传统条形码,如图 11-1 所示。一维条形码是由一个接一个的"条"和"空"排列组成

图 11-1　一维条形码

的,条形码信息由条和空的不同宽度和位置来传递,信息量大小是由条形码的宽度来决定的,条形码越宽,包容的条和空越多,信息量越大。所以说条形码是一种信息代码,不同的码制,条形码符号的构成规则不同。目前较常用的码制有 EAN 条形码、UPC 条形码等。

"弟弟"二维条形码(简称二维码)是用某种特定的几何图形按一定规律在平面(二维方向)上分布成黑白相间的图形符号,做成方块状的样子,用以记录数据信息,如图 11-2 所示;通过图像输

图 11 - 2
二维条形码

入设备或光电扫描设备自动识读以实现信息自动处理,它具有条形码技术的一些共性:每种码制有其特定的字符集,每个字符占有一定的宽度,具有一定的校验功能,同时还具有对不同行的信息自动识别功能。二维码是近几年来移动设备上超流行的一种编码方式,它比传统的一维条形码能存更多的信息,也能表示更多的数据类型。

通常我们所看到的条形码都是黑色的,但也可以是彩色的,后者具有更大的编码空间。

在二维码编制上,巧妙地利用计算机内部逻辑运算的"0""1"概念。在编码中,一个 0 对应的就是一个白色小方块,一个 1 对应的就是一个黑色小方块,把这些小方块按照 8 个一组,填进大方块里,就成为一个完整的二维码图案了。所有二维码角上都有三个相同的方块,是用来给识读器定位的,不管正着扫,倒着扫,还是斜着扫,扫出来的结果都是一样的。

条形码技术最早可追溯到 20 世纪 20 年代,当时美国威斯汀豪斯(Westinghouse)实验室的发明家约翰·科芒德(John Kermode)为了实现对邮政单据的自动分拣,发明了一种用条码对单据做标记的机制(一个条表示数字"1",两个条表示数字"2",称为模块比较法),以及相应的译码器。但是约翰·科芒德发明的这种制式包含的信息量极低,不久后科芒德的合作者道格拉斯·杨(Douglas Young)在科芒德码的基础上做了些改进,利用黑条之间空隙的尺寸变化来编码数据。

直到 1949 年的专利文献中才第一次有了诺姆·伍德兰(Norm Woodland)和伯纳德·西尔沃(Bernard Silver)发明的全方位条形码符号的记载,在这之前的专利文献中始终没有条形码技术的记录,也没有投入实际应用的先例。诺姆·伍德兰和伯纳德·西尔沃的想法是基于约翰·科芒德和道格拉斯·杨的垂直的"条"和"空",使之弯曲成环状,非常像射箭的靶子,这样不管条形码符号方向如何,扫描器通过扫描图形的中心,都能够对条形码符号解码。图 11-3 所示为诺姆·伍德兰和伯纳德·西尔沃申请的"靶心状符号"的专利图,靶心状符号图又称"牛眼式条纹"。

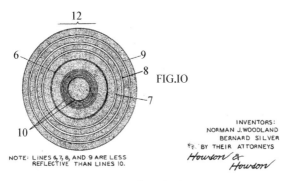

图 11-3　靶心状符号图

　　二维条形码具有储存量大、保密性高、追踪性高、抗损性强、成本便宜等特性,这些特性特别适用于表单、安全保密、追踪、证照、存货盘点等方面(图 11-4)。

图 11-4　二维条形码应用

　　条形码识别主要由条形码扫描和译码两部分完成。条形码扫描是利用光束扫读条形码符号,将反射光信号转换为电信号,这部分功能由扫描器完成。译码是将扫描器获得的电信号按一定的规则翻译成相应的数据代码,然后输入计算机,这个过程由译码器完成。

我花了两天时间学习条形码图形生成,初识条形码各构成部分的含义。

二、一维条形码举例

EAN - 13 商品条形码的上部主体符号是用来表示数字、字母信息和某些符号的,是供条形码阅读器识读的符号;下部是供人工识读的字符代码,一般包括 0~9 十个阿拉伯数字、26 个英文字母以及一些特殊的符号。

该条形码由左侧空白区、起始符、左侧数据符、中间分隔符、右侧数据符、校验符、终止符、右侧空白区及供人识别的前置码组成,如图 11 - 5 所示。图 11 - 6 为 EAN - 13 商品条码符号构成示意图。

图 11 - 5　EAN - 13 商品条形码基本结构

113模块							
	95模块						
左侧空白区	起始符	左侧数据符(6位数字)	中间分隔符	右侧数据符(5位数字)	校验符(1位数字)	终止符	右侧空白区

图 11 - 6　EAN - 13 商品条码符号构成示意图

三、条形码常用术语解释

条形码符号　由空白区和一组条形码字符组合起来的图形，用以表示一个完整数据的符号。

条形码元素　用以表示条形码的条和空，简称为元素。

条形码字符　用以表示一个数字、字母及特殊符号的一组条形码元素。

条　在条形码符号中，反射率较低的元素。

空　在条形码符号中，反射率较高的元素。

位空　在条形码符号中，位于两个相邻的条形码字符之间且不代表任何信息的空。

空白区　条形码左右外侧与空的反射率相同的限定区域。

起始符　位于条形码起始位置的若干条与空。

终止符　位于条形码终止位置的若干条与空。

校验符　在条形码符号中，表示校验码的条形码字符。

懂得这些术语的含义，你就可以设计、生成条形码了。

四、二维条形码的构成

二维条形码的基本结构如图 11-7 所示，其中各部分说明如下。

位置探测图形、位置探测图形分隔符、定位图形　用于对二维码进行定位；

校正图形　二维码的规格确定了，校正图形的数量和位置也就确定了；

格式信息　表示二维码的纠错级别，分为 L、M、Q、H；

版本信息　表示二维码的规格，每一版本符号比前一版本每边增加 4 个模块。

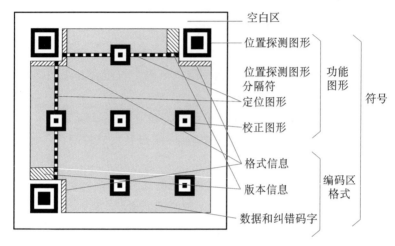

图 11-7 二维条形码基本结构示意图

数据和纠错码字 实际保存的二维码信息,以及纠错码字(用于修正二维码损坏带来的错误)。

五、光电扫描器的结构及功能

条形码识读设备包括光电扫描器和译码器,两者既可以是独立的,也可以是一体的。

光电扫描器在条形码技术中是一个主要的硬件设备。条形码数据的自动采集、光电信号的转换都是由光电扫描器来完成的。光电扫描器的种类繁多,但它们的工作原理基本相同,都是利用光学系统获取条形码符号,由光电转换器将光信号转换成电信号,并通过电路系统对电信号进行放大和整形,最后以二进制脉冲信号输出给译码器。为了实现对条形码符号的自动扫描,有些光电扫描器还设计了光束自动扫描运动机构。

译码器实际上是一个专用的单片机系统,它将光电扫描器扫描条形码符号所输出的脉冲数字信号解释成条形码符号所表示的数据,并传输给计算机。

光电扫描器通常是一种有源(自身带有光源,通常以发光二极管为光源)系统。它是由光学系统和电路系统组成的。光学系统的主要作用是当扫描器扫描时获取瞬间光信号,电路系统的主要作用是将光学系统获取的光信号转换成电信号,然后进行放大和整形,并输出给译码器。

光学系统主要由光源、透镜和光阑等元器件组成。电路系统主要由光电转换器、放大器、整形电路和接口电路组成,如图11-8所示。

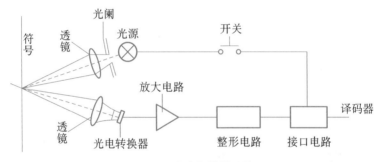

图11-8　光电扫描器结构图

光电扫描器对条形码符号的扫描有两种方式,一种是手动扫描,另一种是自动扫描。手动扫描比较简单,手持扫描器在条形码符号上相对移动,则完成了扫描过程。自动扫描比较复杂,方法有多种,但常见的有两种:第一种是选择自动扫描的光电转换器,如CCD扫描元件;第二种是在光电扫描器中增加扫描光束运动机构,如旋转棱镜等。

光电信号转换的过程是这样的:当扫描器对条形码符号进行扫描时,如图11-8所示,由扫描器光源发出的光通过光学系统照射到条形码符号上,条形码符号反射的光经光学系统成像在光电转换器上,光电转换器接收光信号后,产生一个与扫描点

处反射光强度成正比的电信号。这个电信号经过电流—电压转
换电路、放大电路,得到一个与扫描光点处的反射率成正比的模
拟电压信号。模拟电压通过整形电路转换成矩形波(图 11‐9)。
矩形波信号是二进制脉冲信号,再输出给译码器,由译码器将二进
制脉冲信号解释成计算机可以直接采集的数字信号。

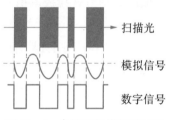

扫描光

模拟信号

数字信号

图 11‐9 条形码扫描译码过程

　　光电扫描器的种类繁多,主要有激光式、CCD 式、光笔、数据
采集器,等等。如图 11‐10 所示。

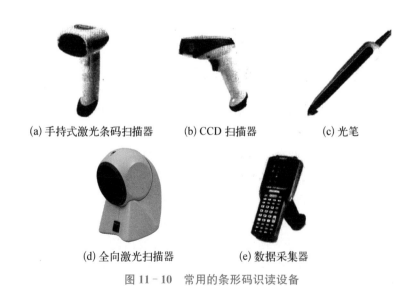

(a) 手持式激光条码扫描器　　(b) CCD 扫描器　　　　(c) 光笔

(d) 全向激光扫描器　　(e) 数据采集器

图 11‐10 常用的条形码识读设备

　　依工作方式的不同可分为:手持固定光束接触式,手持固定光束非接触式,手持移动光束式,固定安装固定光束式,固定安装移动光束式。

　　激光式和 CCD 式光电扫描器都不需要在条形码垂直方向上做相对运动,只要将条形码靠近阅读器,不必接触,就能可靠地读出条形码信息。

六、CCD 式扫描器

　　CCD 式扫描器采用了 CCD 感光元件,也叫 CCD 图像传感器。它可以代替移动光束的扫描运动机构,不需要增加任何运动机构,便可以实现对条形码符号的自动扫描。

　　CCD 式扫描器使用一个或多个发光二极管(LED)作光源,发出的光线能够覆盖整个条码,光线被反射,条码的图像被传到 CCD 感光元件上,CCD 进行光电转换,产生模拟电压信号,通过译码器解释为计算机可以直接接受的数字信号,由软件辨识出条码符号,完成扫描。

　　CCD 式扫描器通常有两种类型:一种是手持式 CCD 式扫描器;另一种是固定式 CCD 式扫描器。这两种扫描器均属于非接触式扫描器,其扫描机理和主要元器件完全相同,只是形状和操作方式不同。扫描景深和操作距离取决于照射光源的强度和成像镜头的焦距。图 11 - 11 是手持式 CCD 式扫描器。

图 11 - 11　手持式 CCD 式扫描器

　　CCD 器件分成线阵和面阵的。用于扫描条形码符号的 CCD 式扫描器通常选用线阵 CCD,而用于扫描平面图像的通常选用面阵 CCD。

　　CCD 式扫描器操作非常方便,只要在有效景深的范围内,光源照射到条形码符号上,便可自动完成扫描。对于不易接触的物品,如表面不平的物品、软质物品、贵重物品、易损伤的物品等,均能方便地进行识读。CCD式扫描器无任何机械运动部件,因此性能可靠,使用寿命较长;可内设译码电路,将扫描器和译码器制成一体;与激光式条形码扫描器相比,具有耗电省、可用电池供电、体积小、便于携带、价格便宜等优点。

 知识链接

分辨率和景深

分辨率:对于条形码扫描系统而言,分辨率为正确检测读入的最窄条符的宽度。条形码扫描系统的分辨率要从三个方面来确定:光学部分、硬件部分和软件部分。也就是说,条码扫描器的分辨率等于其光学部件的分辨率加上其自身通过硬件及软件进行处理分析所得到的分辨率。

CCD扫描器的光学分辨率是指条码扫描器CCD器件的物理分辨率,也是条码扫描器的真实分辨率。

景深:指的是在确保可靠识读的前提下,扫描头允许离开条形码表面的最远距离与扫描器可以接近条形码表面的最近点距离之差,也就是条形码扫描器的有效工作范围。

CCD式扫描器的不足之处是识读条形码符号的长度受扫描器的CCD元件尺寸限制,不如采用激光器作光源的扫描器景深长。信息很长或密度很低的条码很容易超出扫描头的识读范围,导致条码不可读。

选择CCD扫描器需要考虑的两个参数是景深和分辨率。在CCD器件中,光电二极管阵列的排列密度和长度将决定CCD式扫描器的分辨率和扫描的条形码符号的长度。

　　总之,条形码技术是 20 世纪中叶发展起来的高新技术,条形码识读是将数据进行自动采集并输入计算机的重要方法和手段,条形码技术解决了计算机数据采集的"瓶颈",实现了信息的快速、准确获取与传输。该项技术现已广泛应用于计算机管理的各个领域,并与国民经济各行业和人民日常生活息息相关。

第12章

CCD 在实验中大显身手

小小油滴歌

　　看见了，看见了，看见了，钟油滴，虽然小，密立根实验不可少，用眼睛，瞧又瞧，疲劳酸痛受不了。如今用上摄像头，把它显示屏幕上，嘿！清晰悦目，我们拍手笑。

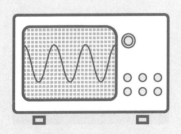

　　话说 20 世纪 90 年代,我在高校从事大学物理实验的教学工作,许多实验是用显微镜目测的。学生长时间看显微镜,眼睛疲劳、酸痛。有的实验教师出于对学生视力的关心,做过不少改进的尝试,然而收效甚微。有一天我忽然萌生一个想法:将光电成像器件用在这些实验上,由看显微镜改为看显示器的屏幕,不就减轻视觉疲劳了吗! 我向实验员说了我的想法,他很支持,愿意帮助一试。我们先从改进"密立根油滴实验"着手。

一、改进油滴仪

　　密立根油滴实验是用来测量电子电荷的,是理工科的传统实验,也是一个经典实验,相信很多同学都做过。因为美国物理学家密立根(R.A.Millikan,1868—1953,图 12 - 1)最先做这个实验,故被后人称作"密立根油滴实验"。20 世纪 80 年代,为方便院校开设这个实验,我国有几个厂家生产成品密立根油滴仪。也就是在油滴室内喷油雾,加上电场后,用显微镜观察油滴的运动。如图 12 - 2 所示。

图 12 - 1　密立根

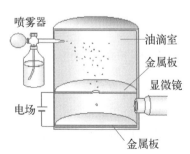

图 12 - 2　密立根油滴实验示意图

知识链接

密立根生平

罗伯特·安德鲁·密立根（Robert Andrews Millikan，1868—1953），美国物理学家。1868 年 3 月 22 日生于伊利诺伊州的莫里森，出身贫寒。1887 年入奥伯林大学，读完二年级时，被聘任为初等物理班的教员，他很喜爱这个工作，从此便致力于物理学。1891 年他大学毕业后，继续担任初等物理班的讲课。1893 年取得硕士学位，同年得到哥伦比亚大学物理系攻读博士学位的奖金。1896 年至 1921 年曾先后在芝加哥大学担任物理学的助理教授、副教授和教授。1921 年应聘到加利福尼亚理工学院担任物理实验室主任并主持学院的行政委员会，一直工作到 20 世纪 40 年代。1923 年获诺贝尔物理学奖。

密立根在科学的许多领域有突出的贡献，主要是在电子、光学、原子与分子物理学领域。1907—1917 年曾以油滴实验精确地测定电子电荷，从而确定了电荷的不连续性（图 12-3）。1912—1915 年曾验证了爱因斯坦的光电效应公式是正确的，并测定了普朗克常数。另外他在宇宙射线方面也做了一些工作。

图 12-3 密立根使用的油滴仪（复制品）

为了改进油滴仪，我们找来摄像管和显示器（关于摄像管请看第 1 章），在实验室里开始了试验。可是，做了几次，屏幕上白茫茫一片,就是看不到油滴图像,由于摄像管灵敏度不够,最初的试验失败了。

初次试验失败,并没有挡住我们前进的脚步,我们并未灰心,而是另辟蹊径。

后来我们把从"新世纪科学仪器公司"买来的 CCD 摄像头用在油滴仪上。首先给摄像头装上镜头,把摄像头装在三脚架上,用铝接口将摄像头与油滴仪的显微镜连接,接好电源,开启监视器。试验是匆忙进行的,油一喷进去,立即在监视器屏幕看到不少油滴的图像,像漫天雪花,又似夜空的繁星。加上电场以后,油滴上下运动,犹如节日里燃放的礼花,美妙极了,我们试验成功了。这正是"山重水复疑无路,柳暗花明又一村"。从此 CCD 摄像头,又有了新的应用,那就是用在实验教学仪器上。

初步试验成功后,我们又在实验室里仔细做了试验。我们夜以继日,反复调整,以求得最佳效果。当我看到油滴纷飞的情景时(图 12 - 4),兴奋之情无以言表。

图 12 - 4　监视器屏幕显示的油滴图像

我们配置的这套设备的结构图如图 12 - 5 所示,实际上我们搭建了一种简单光电成像系统。CCD 成像密立根油滴仪如图 12 - 6 所示。

131

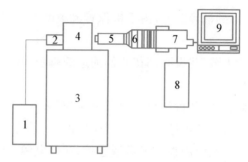

1—照明灯电源；2—照明灯；3—油滴仪；4—油滴盒；
5—显微镜；6—镜头接口；7—摄像头；8—摄像头电源；9—监视器

图 12-5　油滴仪 CCD 成像系统结构图

图 12-6　CCD 成像密立根油滴仪

　　回忆改进油滴仪的探索过程，我觉得有点像经历王国维在《人间词话》里说的读书三境界："'昨夜西风凋碧树，独上高楼，望尽天涯路.'此第一境也.'衣带渐宽终不悔，为伊消得人憔悴.'此第二境也.'众里寻他千百度，蓦然回首，那人却在灯火阑珊处.'此第三境也."我体会到，只要有执着的追求、明确的目标与方向，百折不挠，经过一番忘我奋斗，就会豁然开朗，最终取得成功。

二、微机塞曼效应实验仪

　　塞曼效应是指处于磁场中的发光体光谱线发生分裂的现象，

是 1896 年由荷兰物理学家塞曼发现的。过去实验上观察塞曼效应是通过法布里-珀罗干涉仪形成干涉图样（如图 12 - 7 所示），再利用移测显微镜观察和测量。旧式塞曼效应实验装置如图 12 - 8 所示。老式的仪器有些缺点，一是眼睛看显微镜很吃力，时间长了会酸痛、模糊，二是作为光源的汞灯发的光中有紫外线，目视会对观察者眼睛造成伤害。

出于对学生的爱护，我决定用 CCD 摄像机（摄像头）对这个实验进行一些改进和创新。改进的目的和要求是：采用 CCD 摄像头取代塞曼效应实验的目视部分，通过 CCD 将干涉条纹实时视频传输到计算机中，通过观察显示器上的干涉条纹图像来调节干涉仪。

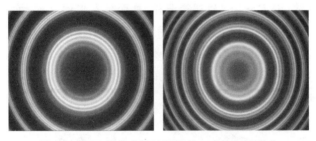

图 12 - 7　塞曼效应干涉图样的 π 成分和 σ 成分

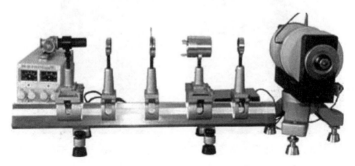

图 12 - 8　旧式塞曼效应实验装置

知识链接

塞曼效应

塞曼效应是物理学史上一个著名的实验。荷兰物理学家塞曼(图12-9)在1896年发现:把产生光谱的光源置于足够强的磁场中,磁场作用于发光体会使光谱发生变化,一条谱线即会分裂成几条偏振的谱线,这种现象称为塞曼效应。

塞曼效应是继法拉第磁致旋光效应之后发现的又一个磁光效应。这个现象的发现是对光的电磁理论的有力支持,证实了原子具有磁矩和空间取向量子化,使人们对物质光谱,原子、分子结构有更多了解,特别是由于及时得到 H.A. 洛伦兹(图12-10)的理论解释,更受到人们的重视,被誉为继 X 射线之后物理学最重要的发现之一。

1902年,塞曼与洛伦兹因发现塞曼效应而共同获得了诺贝尔物理学奖(以表彰他们研究磁场对光的效应所做的特殊贡献)。

图12-9 彼得·塞曼(青年)　　图12-10 H.A.洛伦兹

知识链接

塞　曼

彼得·塞曼(Pieter Zeeman,1865—1943),荷兰物理学家,1885 年进入莱顿大学,在亨德里克·安东·洛伦兹(Hendrik Antoon Lorentz)和海克·卡末林·昂内斯(Heike Kamerlingh Onnes)的指导下学习物理学,并当过洛伦兹的助教。受洛伦兹的影响,塞曼对他的电磁理论十分精通,并且实验技术精湛。

1892 年塞曼因为仔细测量了克尔效应而获金质奖章。1893 年取得博士学位。后任职于阿姆斯特丹大学。1896 年塞曼发现了原子光谱在磁场中的分裂现象,并将之命名为塞曼效应。随后洛伦兹在理论上对这种现象进行了解释。因此,他与洛伦兹分享了 1902 年的诺贝尔物理学奖。

 知识链接

法布里-珀罗干涉仪

法布里-珀罗干涉仪(Fabry-Perot interferometer)简称 F-P 干涉仪,是利用多光束干涉原理(图 12-11)设计的一种干涉仪(图 12-12)。它由两块平行的玻璃板组成,两块玻璃板相对的内表面都具有高反射率。其特点是能够获得十分细锐的干涉条纹,因此一直是长度计量和研究光谱超精细结构的有效工具。

在光谱学中法布里-珀罗干涉仪可以使光谱仪的分辨本领得到显著提升,从而可以分辨出波长差极细微的光谱线,例如塞曼效应。

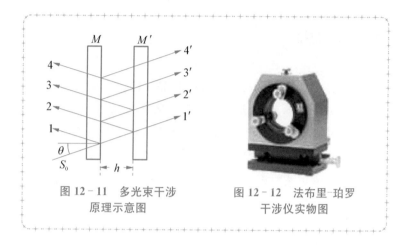

图 12 - 11　多光束干涉　　　　图 12 - 12　法布里-珀罗
原理示意图　　　　　　　　　干涉仪实物图

　　经过显示器放大的干涉条纹图像更易于观察,采集干涉条纹图像后,利用数字图像处理技术,拟合出干涉条纹的曲线,自动计算出实验要求的测量数据。

　　我把彩色 CCD 摄像头装上镜头,连在显微镜的目镜上,再用电缆把摄像机的输出接到监视器上。实验开始,屏幕上出现了干涉圆环,只是图像上噪声斑点比较多,干涉圆环与背景的对比度较差,观看效果不够理想。我经过观察,发现噪声来源于杂散光,要避免杂散光的干扰,就要在光路中用黑纸遮挡(屏蔽)起来。我找来黑纸做成筒子,放在法布里-珀罗干涉仪的前后,对比度变好了,图像清晰了,参加试验的人都很高兴。然而用纸筒总不是长久之计,于是我请仪器厂做了铝合金圆筒,并且内外涂黑,用光具座架在光路中,既便于调节,又牢靠。用 CCD 摄像的塞曼效应实验装置如图 12 - 13 所示。

　　改进做到这一步,我们并不满足于仅仅在监视器上观察,我们要用电脑实验。可是,那个时候 CCD 摄像机还是模拟的,没有数字化,也就是说,CCD 输出的是视频模拟信号,而电脑只能接受数字信号,要用上电脑,就要先进行模/数转换,把模拟信号变成数字

图 12 - 13　用 CCD 摄像的塞曼效应实验装置

信号,输给电脑。由此我想起了图像采集卡有这种功能,于是用上图像卡(板),经过一番调试,成功了。现在有了数字化 CCD 摄像机就更方便了,摄像机输出直接在电脑上显示图像。事实上,我们组成了一种 CCD 图像实时采集系统,其原理图如图 12 - 14 所示。微机塞曼效应实验仪组成图如图 12 - 15 所示。

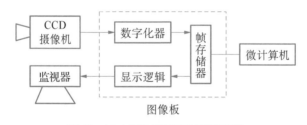

图 12 - 14　CCD 图像实时采集系统

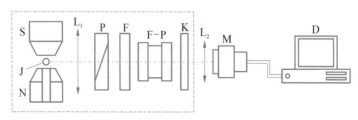

F-P—法布里-珀罗干涉仪,M—CCD 摄像头,D—微机,
L₁、L₂—透镜,P—偏振片,J—光源
图 12 - 15　微机塞曼效应实验仪组成图

仅在电脑上显示图像是不够的，要发挥电脑处理和计算的强大功能，实现自动测量和计算，为此我们就要编制"塞曼效应分析和处理软件"，我们采用三点作一圆的算法，拟合成干涉圆环。我从写源程序开始。编程是个又吃力又细致的活儿，编好软件，还要调试，很花时间，有时工作起来，甚至夜以继日，废寝忘食。程序编好后，试运行成功。

> 我怀着成功的喜悦心情，即兴赋小诗一首，题曰"苦亦乐"：
>
> > 键盘铿锵屏闪烁，
> > 实验室里不寂寞。
> > 科学登攀勤为径，
> > 探求真理苦亦乐。
>
> 当我看到学生做完这个实验后开怀的笑脸，不再是愁眉苦脸，我心中感到无比欣慰，也许这就是一个人民教师的苦和甜吧。

以上介绍的只是 CCD 成像技术应用在物理实验上的两个例子，能用 CCD 观测系统改进实验的项目还有很多，例如，杨氏模量的测定实验、布朗运动实验、光谱分析、分光计的调节、迈克耳逊干涉仪测波长、牛顿环干涉等实验。使用 CCD 摄像头，可以十分方便地显示望远镜、显微镜、测微目镜等助视仪器视场里所见的图像。

第 13 章

线阵 CCD 用于光谱探测

彩　虹

雨后彩虹挂在空，
七种颜色各不同。
赤橙黄绿青蓝紫，
交相闪耀映苍穹。

（这首小诗是描写彩虹的。）

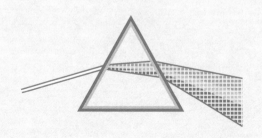

彩虹——大自然的杰作,在广袤的碧蓝天空,展示了气势恢宏的可见光谱,似持彩练当空舞,又像金桥飞架苍穹,她用色彩绚丽的光,为人们描绘出一幅奇妙的画卷。

说起光谱,首先想到的是英国科学家牛顿,他用三棱镜把光线分解成光谱,揭开了彩虹的奥秘。然而,那个时代,牛顿因这项发现反而受到一部分人的鄙夷与责备。杰出的英国诗人约翰·济慈(John Keats,1795—1821)就是其中一个。济慈认为牛顿完全破坏了彩虹的诗意,这让他诗人的兴致全无。直到英国皇家科学院院士、演化论生物学家克林顿·理查德·道金斯(Clinton Richard Dawkins,1941—　)写下了《解析彩虹》一书,才得以"拨乱反正"。在书中他解析了彩虹的诗意,认为科学与美并不对立,从而调和了科技与文学的这种矛盾。牛顿解析彩虹,由此建立的光谱学成为我们理解光的一把钥匙。

上面这段话,是关于光谱的一首插曲,下面咱们"闲话少叙,书归正传"。

前一章介绍了面阵 CCD 在物理实验仪器中的应用,而对线阵 CCD 所谈甚少。有的人可能会说:"你对面阵 CCD 是否偏心眼?"其实也不是,主要因为线阵 CCD 是一维感光元件,多半用于检测,而面阵 CCD 大多用于观察图像,例如,用在显微镜、望远镜上。这一章来介绍线阵 CCD 在光谱分析实验仪器中的应用。

20 世纪 80 年代,我们实验室引进了几台光栅光谱仪(图 13-1),用来做氢光谱实验,这种仪器里就装有线阵 CCD,作为接受光谱的器件。有一次,一台光栅光谱仪里面的传动皮带脱落,光栅不转了,要打开机箱修理。我打开机箱后看到里面的结构,如图 13-2 所示,这次我得以见识线阵 CCD,并与它有了亲密接触。

从前面几章我们知道,CCD 器件具有体积小、重量轻、抗振性能强、功耗低等一系列优点,而且在很宽的光谱响应区间具有卓越的光电响应量子效率,因而成为光谱分析仪器的理想探测器件。它还可以进行长时间的"电荷积累",使光电探测灵敏度可与传统的光电倍增管相比拟,并且由于它能够同时探测多条谱线,它逐渐地取代光电倍增管在光谱探测领域的霸主地位,成为现代光谱探测领域具有很强生命力的探测器件。可用于光谱探测的线阵CCD 光电传感器有 TCD1200(像敏单元数 2 160),RI2048DKQ(像敏单元数 2 048,有石英玻璃窗),RI2048SBQ(像敏单元数1 024,光谱探测专用),等等。

用于光谱探测的 CCD 器件首先应满足光谱响应范围的要求,而且其灵敏度应满足最弱光谱探测的需要,动态范围要能够满足整个探测谱段的要求。

我们实验室的国产多功能组合式光栅光谱仪主机外形如图13-1 所示。

图 13-1　光栅光谱仪主机外形图

这种型号的多功能组合式光栅光谱仪由光栅单色仪、接收单元、扫描系统、电子放大器、A/D(模数转换)采集单元和计算机组成。仪器有两个出射狭缝,分别装有光电倍增管和CCD 探测器。

线阵 CCD 光电传感器的作用是将谱线能量转换为信号电荷存储并转移出来,经 A/D 数据采集与计算机接口卡将谱线强度信息送入计算机内存,在计算机软件的支持下对所采集的信号进行处理,计算出光谱强度与光谱的波长,然后进行数据存储与显示。

光栅光谱仪的光学原理如图 13-2 所示。光源发出的光束进入入射狭缝 S1,S1 位于反射式准光镜 M2 的焦面上,通过 S1 入射的光束经 M2 反射成平行光束投向平面光栅 G 上,光栅衍射产生光谱,衍射后的平行光束经物镜 M3 成像在 S2 上和 S3 上,通过 S3 (CCD)可以观察光的衍射情况,以便调节光栅,光通过 S2 后用光电倍增管接收,送入计算机进行分析。

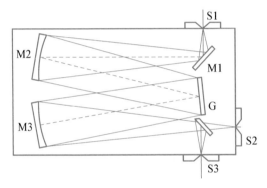

M1—反射镜,M2—准光镜,M3—物镜,G—平面衍射光栅,
S1—入射狭缝,S2—光电倍增管接收,S3—CCD 接收

图 13-2　光栅光谱仪结构示意图

光电倍增管接收波长范围的参数如下:

(1) 波长范围:200～660 nm;

(2) 波长精度≤±0.2 nm;

(3) 波长重复性≤0.1 nm。

线阵 CCD(电荷耦合器件)的参数如下:

(1) 接收单元:2 048;

(2) 光谱响应区间:300～660 nm。

有人会问:光谱探测为什么要用线阵 CCD,而不用面阵 CCD 呢? 回答是:虽然线阵 CCD 是一维摄像,"身单力薄",可是它也有优点,那就是在一条线上像素多,一般为 2 048,现在的可能更多,而且线阵 CCD 易于拼接,可进一步增加像元数。而且,光谱探测显示的是波长与光强的关系曲线(见图 13-3),并不需要光谱的平面图形,所以也就用不着面阵 CCD。

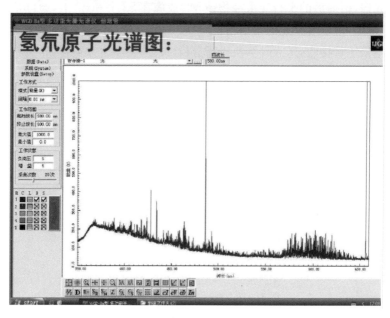

图 13-3　计算机显示的氢氖原子光谱

　　此外,因为线阵 CCD 图像传感器具有高分辨率、高灵敏度、结构紧凑及其自扫描等特性,所以利用线阵 CCD 器件、光学成像系统、计算机数据采集与处理系统构成的一维尺寸测量仪器,具有测量精度高、速度快、应用方便灵活等特点,这种测量设备一般不需要复杂的机械运动机构,抗电磁干扰能力强,从而减少误差来源,可使测量准确度更高。

下面让我们把话题转到线阵 CCD 的其他应用。

大家在中学物理里都学过单缝衍射和双缝干涉,光栅光谱就是在此基础上发展起来的。让我们再回忆一下单缝衍射图样(如图 13-4)。

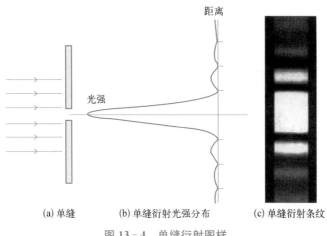

(a) 单缝　　　(b) 单缝衍射光强分布　　　(c) 单缝衍射条纹

图 13-4　单缝衍射图样

如果在图 13-4(c)上把线阵 CCD 垂直放置,就可得到其光强分布图线,如图 13-4(b)所示。现在已有一种 CCD 光强分布测量仪可以胜任这个任务,如图 13-5 所示。

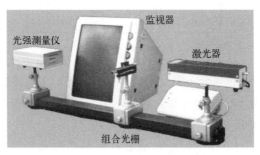

图 13-5　CCD 光强分布测量系统

一套完整的光强分布测量系统由光具座、激光器、组合光栅、CCD 光强分布测量仪和计算机数据采集盒(USB 接口),外加一套计算机组成。组合光栅由光栅片和二维调节架构成,见图 13 - 6,光栅片如图 13 - 7 所示。这种以 CCD 器件为核心构成的光学测量仪器,可测量干涉、衍射图样的光强分布。

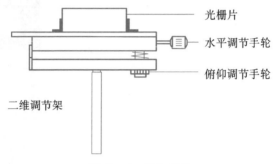

图 13 - 6　组合光栅

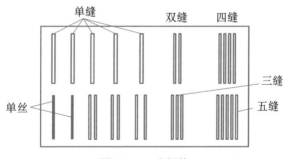

图 13 - 7　光栅片

　　这种多道光强分布测量系统,由于用线阵 CCD 器件接收光谱图形和光强分布,经过微处理系统的分析处理,在监视器上显示出光强曲线,并进行测量,具有分辨率高、实时采集、实时处理和实时观测等优点。CCD 光强分布测量仪内部结构示意图如图 13 - 8 所示。

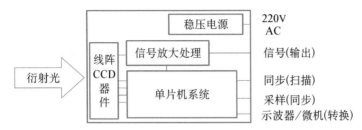

图 13-8　CCD 光强分布测量仪内部结构示意图

　　测量单缝或单丝衍射光强分布的意义何在？从光学课中知道，可以用来测缝宽或者测量光的波长。由此我们得到启发，利用类似的原理与设备，在工业上可以测量细丝或细棒的直径，并进行细丝的质量控制。

　　在工业生产中，往往遇到测量细丝直径的问题，首先想到的是用游标卡尺或螺旋测微器等进行接触测量，这样会引起被测细丝产生形变，而且不能实现自动化和快速测量。而用线阵 CCD 测量激光对细丝的衍射条纹，将 CCD 输出信号数字化后，将数据送入计算机，经过软件计算获得细丝的直径值，就可以实现对细丝自动化、快速和准确的测量。

　　细丝激光衍射测量系统原理如图 13-9 所示。由氦氖激光器射出的激光束入射到被测细丝上，在距细丝一定距离处产生衍射图样，线阵 CCD 接收衍射条纹，产生与之相应的输出信号，经低通滤波放大，再经模数转换（A/D）后送入计算机进行计算和处理，即可得到细丝的直径值。（直径计算公式与推导从略）。

　　此测量系统采用线阵 CCD（例如 TCD1206SUP 型）作为光电传感器，它把光强分布转换成电压时序信号。该系统提供了一种高精度测定细丝直径的方法，不过，也须注意系统调整与 CCD 的噪声以及像元灵敏度差异引起的误差，应设法将它们消除。

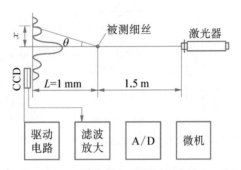

图 13-9　CCD 激光衍射细丝直径测量系统示意图①

　　线阵 CCD 还有许多其他的应用,我就不多谈了,有兴趣的读者请查看相关专著。

　　① 引自王庆有编著:《CCD 应用技术》,天津:天津大学出版社,2000 年版,第197 页。

第14章

单光子计数成像

单光子计数赞

遥远寒星，娟娟月亮，
如此弱光，怎样测量？
光子计数，派上用场，
抑制噪声，信号增强。
拉曼光谱，医学成像，
高新技术，用途弥广。

（这首四言打油诗说的是单光子计数技术。）

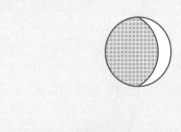

有一年,系里购进了两种实验仪器,一是单光子计数系统,二是激光拉曼光谱仪。前者是为了让学生了解单光子计数系统的工作原理、构成与性能,后者是为了说明单光子计数技术的应用。我被派去上单光子计数实验课,经过一番准备,我写出如下备课教案。

一、单光子计数系统的工作原理

在某些光谱测量中,常常会需要测量非常微弱的光信号,被测光的光功率仅有 10^{-17} W,甚至更低。这样的光功率水平比室温下光电倍增管的热噪声水平(10^{-15} W)还要低 2~3 个数量级,光信号淹没在噪声里。在这种情况下,采用通常检测入射光强度的方法显然不适用,此时就需要采用以光的粒子性为基础的单光子计数技术。

单光子计数是一种探测微弱光信号的新技术,它可以探测强度极弱的光,可以达到探测单光子光强的级别。当光强度小于 10^{-16} W 时,光的光子流量可降到一毫秒内不到一个光子,因此单光子计数也就是对单个光子进行检测,进而得出弱光的光流强度。这种技术目前已被广泛应用于拉曼散射探测,医学、生物学、物理学等许多领域里微弱发光现象的研究。在这种技术中,一般都采用光电倍增管作为光子—电子的变换器(近年来,也有用微通道板和雪崩光电二极管的),通过分辨单个光子在光电倍增管中激发出来的光电子脉冲,利用脉冲高度甄别技术和数字计数技术,将淹没在背景噪声中的弱光信号提取出来。借助电子计数的方法检测到入射光子数,实现极弱光强的测量。

图 14-1 为基本单光子计数系统原理以及每个电路得到的脉冲波形示意图。系统主要包括:光电倍增管、放大器、脉冲高度鉴

别器、波形整形器、计数器和显示装置等。

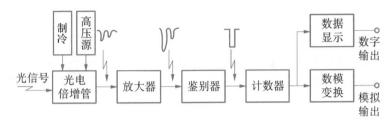

图 14‑1　单光子计数系统示意图

上述原理图中,用光电倍增管接收光信号,它的输出电流脉冲通过放大器转换为电压信号并放大。由放大器输出的信号除有用光子脉冲之外,还包括器件噪声和多光子脉冲。脉冲高度鉴别器的作用是从噪声和多光子脉冲中分离出单光子脉冲,再用计数器计数光子脉冲数,计算出在一定时间间隔内的计数值并以数字和模拟信号形式输出。由于单光子成像技术采用的是脉冲计数方式,当脉冲幅度低于一定的阈值时不予计数,因此可滤除掉大多数的噪声,具有非常高的信噪比。

打个粗浅的比方,极微弱光信号像庄稼,噪声像杂草,庄稼淹没在杂草里,要想收获庄稼,就要设法抑制杂草,并使用智能收割机,鉴别哪些是庄稼,然后只收割庄稼,而不割杂草。这有点和单光子计数原理类似吧?

单光子计数系统各主要部分的功能和要求如下所述。

1. 光电倍增管

光电倍增管是把微弱的光输入转换成光电子,并使光电子获得倍增的电真空器件,光电倍增管性能的好坏直接关系到光子计数器能否正常工作。

光电倍增管的结构原理如图 14‑2 所示。图 14‑3 为光电倍增管外形图。

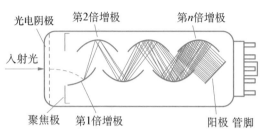

图14－2　光电倍增管的结构原理图

图14－3
光电倍增管外形图

　　光电倍增管由光电发射阴极（光电阴极）和聚焦电极、电子倍增极及电子收集（阳极）等组成，工作时这些电极的电势从阴极到阳极逐渐升高。当弱光信号照射到光电倍增管光阴极上时，每个入射的光子使光电阴极向真空中发射光电子。光电阴极产生的光电子数与入射到光电阴极上的光子数之比称为量子效率。大多数材料的量子效率都在30％以下，也就是说每100个入射光子大约只能记录下30个。这些光电子经聚焦极电场进入倍增系统，并通过进一步的二次发射得到倍增放大。经过几个或十几个倍增极的增殖作用后，电子数目最高可增加到10^5量级。然后把放大后的电子用阳极收集作为信号输出。从某种意义上说，单光子计数实际上是将光电子产生的脉冲逐个记录下来的一种探测技术。

　　因为采用了二次发射倍增系统，所以光电倍增管在探测紫外、可见和近红外区的辐射能量的光电探测器中，具有极高的灵敏度和极低的噪声。另外，光电倍增管还具有响应快速、成本低、阴极面积大等优点。

　　从以上介绍可知，能够进行光子计数的一个重要条件是要有性能良好的光电倍增管。要求光电倍增管有适当的阴极面积，量子效率高，暗计数率低，时间响应快，并且阴极稳定性高。

2. 放大器

放大器的作用是将光电倍增管阳极回路输出的光电子脉冲和其他噪声脉冲线性地放大。要求放大器具有较宽的线性动态范围,噪声系数小,等等。

3. 脉冲幅度甄别器

脉冲幅度甄别器(鉴别器)有连续可调的阈电平,称甄别电平。只有当输入脉冲的幅度大于甄别电平时,甄别器才输出一个有一定幅度和形状的标准脉冲。

4. 计数器

计数器(或称定标器)的作用是将甄别器输出的脉冲累计起来并予以显示。用于微弱光测量的光子计数器,它的计数率一般很低,因此采用计数率低于 10 MHz 的计数器亦可,这部分还必须有控制计数时间的功能。

我校购置的学生实验用单光子计数实验仪外形图如图 14 - 4 所示。

图 14 - 4 单光子计数实验系统外形图

二、光子计数成像器件

最近几十年来,光子计数成像技术有了飞速的发展,不同类型的光子计数成像器件相继问世。它们的大部分是由真空光电子成像器件和固体光电子成像器件经过优化组合和特殊处理制成的。

它们各有特色和局限性,已经应用于不同的技术领域。

光子计数成像系统(PCIS)的基本构成和工作原理如图 14 - 5 所示。图中,光子计数像管通过成像物镜 1,把来自目标的光子流,经由其光电阴极进行光电转换,再通过 MCP(微通道板)电子倍增器、荧光屏显示,再现为一幅亮度得到增强的景物图像。像管电源控制器 6 提供像管各级工作电压及控制信号。通过中继透镜 3 耦合到高帧速 CCD 摄像机 5,输出的视频图像即可被视为由近百万个 MCP 微通道板电子倍增器分别放大了的目标光电子二维图像。其中,每一个微通道所提供的输出电子信号,包含了目标信号和各类噪声。它们经过后续选通脉冲发生器 7 和视频图像处理器 8 中的幅度甄别器处理,剔除了复合信号中的高能离子闪烁噪声和低能 MCP 热噪声,而只让目标信息及光电阴极热噪声信号通

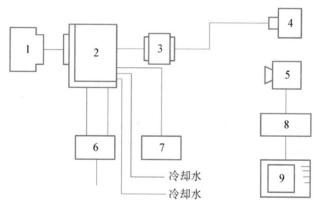

1—成像物镜;2—光子计数像管(含光电阴极、多块 MCP 和荧光屏);
3—中继透镜;4—高速摄影机;5—高帧速 CCD 摄像机;
6—像管电源控制器;7—选通脉冲发生器;
8—视频图像处理器;9—TV 显示器

图 14 - 5　光子计数成像系统原理框图[①]

① 引自向世明,倪国强编著:《光电子成像器件原理》,北京:国防工业出版社,1999 年版,第 309 页。

过,这样形成的复合信号,经计算机分析处理后送给末端 TV 显示器 9,再现为一个信噪比得到大大改善的景物图像,以上光子计数过程也可通过高速摄影机 4 直接拍摄。这就是光子计数成像系统的基本工作原理。请注意这里也有 CCD 的身影。

知识链接

像　管

　　像管属于光子成像器件。像管包括变像管和像增强器。变像管是把非可见光,如红外线、紫外线、X 射线等图像转化成可见光图像的器件,如红外变像管、紫外变像管。像增强器,主要是指把微弱的可见光图像增强亮度,变成人眼可以观察到的图像的器件,也称为微光管。

　　为了使微弱的可见光或不可见的辐射图像通过光电成像系统变成可见图像,光电计数像管应能起到光谱变换、增强亮度和成像作用。像管的基本结构主要由三部分组成:光电阴极、微通道板 MCP 和荧光屏。不同类型的像管,具体结构差别较大。

　　光子计数成像器件具有增益高、输入噪声低、响应速度快和易于视频处理控制及智能化等优点,在天文、物理、化学、生物、医疗和光电子能谱分析等诸多领域里,具有重要实用价值。

三、光子计数成像器件的应用

1. 光子计数成像器件在拉曼光谱检测中的应用

　　拉曼散射光是非常弱的,一般说来,散射光强只有激发光强的 $10^{-6} \sim 10^{-8}$,再加上分光系统的透光率及光路上的损失,能到达探测器(一般为光电倍增管)的光强是极微弱的。过去,拉曼光谱的研究采用水银弧灯作光源,一直得不到发展。1960 年出现激光后,拉曼光谱研究因为有了十分强的单色光源,以及光子计数技术的应用而获得了巨大的进展。图 14 - 6 是典型的采用光子计数系统的激光拉曼光谱仪示意图。

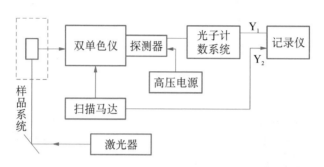

图 14 - 6　采用光子计数系统的激光拉曼光谱仪示意图

　　激光拉曼光谱仪由激光器、样品系统、双单色仪、探测器(光电倍增管 PMT)、光子计数系统、计算机记录和信息处理等部分组成。拉曼光谱仪的工作原理是:激光射至样品上,产生拉曼散射。拉曼散射光通过光学聚集系统收集后进入单色仪,光电倍增管将光信号变为电信号,光子计数系统从噪声中将微弱信号提取出来,经计算机处理和记录,最后得到拉曼光图谱。光子计数系统的应用使光信号得以增强,提高了信噪比。

 知识链接

拉曼散射

　　拉曼散射指光波在被散射后频率发生变化的现象,由于拉曼散射非常弱,所以直到 1928 年才被印度物理学家拉曼发现,他因此获得 1930 年诺贝尔物理学奖。

1921年,拉曼(C.V. Raman,1888—1970,图14-7)从英国搭船回国,在途中他思考着为什么海洋会是蓝色的问题,而开始了这方面的研究,促成他于1928年2月发现了新的散射效应,就是现在所知的拉曼效应。由拉曼散射的研究,可以得到分子结构的信息,在物理和化学方面都很重要。拉曼光谱仪如图14-8所示。

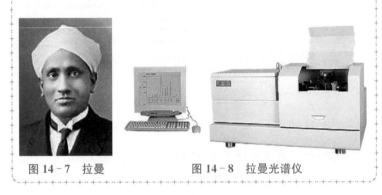

图14-7　拉曼　　　　　　图14-8　拉曼光谱仪

2. 单光子发射计算机断层成像(SPECT)

　　我的一位亲戚因甲状腺毛病要做SPECT,要我陪他去医院,这次我有机会见识SPECT扫描仪这种先进的医学设备,因为它与单光子计数成像系统颇多相似,所以我很感兴趣,经过一番了解,获知一二,下面做简要介绍,与大家共享。

　　单光子发射计算机断层成像(SPECT)简称单光子断层成像,它是对从受检者体内发射的γ射线成像,故称为发射型计算机断层成像术。SPECT扫描仪是核医学影像的基本仪器之一,目前已经装备到大部分的地市级医院,在疾病的影像诊断中起重要作用。

　　单光子发射计算机断层扫描仪的结构示意图如图14-9所示,一款单光子发射计算机断层扫描仪外形图如图14-10所示。

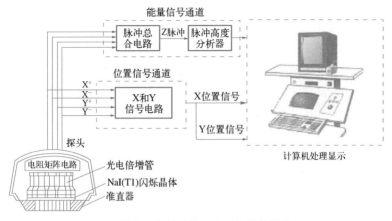

图 14-9 单光子发射计算机断层扫描仪结构示意图

SPECT 扫描仪是 γ 照相机与电子计算机技术相结合的产物,它在 γ 照相机基础上,增加了探头的旋转装置及断层图像重建软件系统。其主要构成部分为:准直器,闪烁晶体(NaI 晶体),光电倍增管(PMT),位置电路与能量电路,数据分析计算机(见图 14-9)。

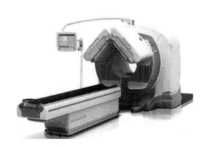

图 14-10 单光子发射计算机断层扫描仪外形图

准直器能够限制散射光子,允许特定方向 γ 光子和晶体发生作用。晶体的作用是将 γ 射线转化为荧光光子,最常用的晶体为 NaI(碘化钠)。光电倍增管将微弱的光信号转换成电子(光电效应),并倍增放大成易于测量的电信号。位置电路与脉冲高度分析器的主要作用是:将光电倍增管输出的电脉冲信号转换为确定晶体闪烁点位置的 X、Y 信号,以及确定入射 γ 射线的能量信号。最后,一台数据处理计算机处理进来的投影数据,成为一张可读的图像。

SPECT 基本成像原理是：首先病人需要注射含有放射性同位素的药物,在药物到达所需要成像的断层位置后,由于放射性元素衰变,将从断层处发出 γ 光子,γ 射线经过准直器准直,然后打在碘化钠(NaI)晶体上,碘化钠晶体产生的闪光由一组光电倍增管收集。所有光电倍增管的输出信号通过处理,可以产生位置信号和能量信号。经过上述处理的信号成为一个计数被记录,形成一幅人体放射性浓度分布图像,即一幅 γ 相机图像。

扫描仪的特点是能够显示细胞和分子的生物学活动,以及物质代谢方面的信息,同时使用成本低,便于推广。但由于分辨率的限制,无法清晰地显示解剖结构,对病灶的定位困难。目前 SPECT/CT 融合机型已经产生,如图14-11所示,能够将 SPECT 的功能图像与诊断 CT 的图像精确地融合起来,弥补了 SPECT 在解剖定位和分辨率方面的不足,具有更大的应用价值。

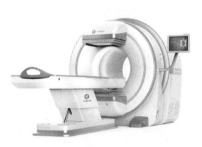

图 14-11　国产 SPECT/CT 融合机

SPECT 之所以可以诊断疾病,是因为病人服下同位素药物后,身体内异常的组织会异常吸收药物,因此从图像可以看出病变。具体为什么药物会被某些器官吸收,这是个医学问题,比较深奥,这里就不说了。

总之,近 20 年发展起来的光子计数成像系统是研究弱光现象的有力工具。除上述应用外,光子计数成像系统还应用于医疗诊断、材料分析、拉曼光谱分析(表面增强拉曼光谱、超导材料拉曼光谱、化学和生物物质拉曼光谱)等领域,有广泛的应用前景。

第15章

CCD 与天文观测

天文观测颂

天文望远镜，
装配 CCD。
目视改电视，
如虎添双翼。
星空多美妙，
宇宙更神秘。
观测自动化，
探索获佳绩。

我开发研究CCD的应用，在全校小有名气，来访咨询的人络绎不绝。我无保留地将有关CCD摄像机的知识告诉他们，仔细地帮助他们制订方案，选择CCD，购置器材，并到现场帮助安装、调试、测量。

天文系的郑老师想在校天文馆的天文望远镜上安装CCD天文观测系统，他说："这方面已有先例，据报载：1985年云南天文台筹建中国第一台CCD天文系统——云台一号CCD系统（图15-1，图15-2）；接着，北京天文台（现国家天文台）为怀柔太阳观测站太阳磁场望远镜研制了CCD系统，收到了良好的效果（图15-3，图15-4）。CCD具有量子效率高、几何失真小、噪声低及实时采集和处理的能力，使天文观测效率显著提高，天文数据质量大为改善。利用这一新的技术成果，天文学家不但可以用同样口径的望远镜搜索和测量更多的星系及类星体，同时还可从事光谱观测、天体测量、斑点干涉测量等。"他接着说："他们能做到的，我们一定也可以做到。"

 知识链接

星系及类星体

星系：在茫茫的宇宙海洋中，遍布着千姿百态的"岛屿"，由恒星和各种天体构成，天文学上称为星系。我们居住的地球就在一个巨大的星系——银河系之中。在银河系之外的宇宙中，像银河系这样的"太空巨岛"还有上万亿个，它们被统称为河外星系。

类星体：是一种亮度极大的活动星系核，类星体最初被发现时，其特征类似遥远的恒星，由此得名。

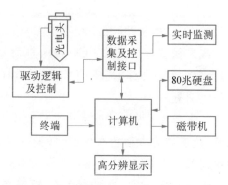

图 15‑1　云台一号 CCD 系统结构图[1]

图 15‑2　云南天文台凤凰山台址外景(左)和 1 米光学望远镜(右)

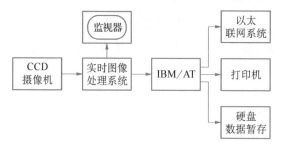

图 15‑3　北台 CCD 太阳磁系统结构图[2]

①　引自王庆有编著:《CCD 应用技术》,天津:天津大学出版社,2000 年版,第 221 页。
②　引自王庆有编著:《CCD 应用技术》,天津:天津大学出版社,2000 年版,第 222 页。

图 15－4　国家天文台怀柔太阳观测站外景(左),太阳磁场望远镜(右)

一、近年来天文观测的发展脉络

天文学是一门以观测为基础的科学。观测当然是最重要的一环。可以说,天文观测的进步是与光电器件的发展紧密联系在一起的。正如王传晋、叶彬浔编著的《天文可见光探测器》①一书上所说:

"纵观光学天文观测仪器之发展,堪称革命性飞跃者凡四。一是望远镜的出现,使收集天体光子的能力跃出人眼瞳孔的限制,从而可探测到遥远的深空;二是照相乳胶的问世,使人类能够累积天体的信息,并客观地记录;三是电荷耦合器件(CCD)的发明,使天体来的光子得到更有效利用和实时显示天文图像;四是空间观测的实现,人类从此彻底摆脱大气的桎梏,得以进一步'看清'天体的真实面貌。这四次突进中,后两次都发生在 20 世纪后半叶,人类科学进步的步伐越来越快,对宇宙的认识也越来越深入。但建立空间观测平台耗资巨大,需要许多高精技术的支撑,目前只有少数

---

①　引自王传晋,叶彬浔编著:《天文可见光探测器》,北京:中国科学技术出版社,2013 年版,序,第 28 页。

国家能够做到,而装配一套 CCD 系统则所费无多,一般天文台都有能力配置,甚至较富有的天文爱好者亦能负担。从这个意义上说,CCD 所带来的影响更为广泛和普及,何况空间观测本身也大大得益于 CCD 的成果。"

"20 世纪 80 年代初,国际上,一种新型光学探测器——CCD,已微露端倪。1981 年在各方支持下,开始筹划一个为国内望远镜配置这种先进探测器的项目。几经协力,1984 年在云南天文台的 1 m 望远镜上装成了"云台一号"CCD 系统。4 月 16 日夜,首次试机,摄得来自 M57 行星状星云的壮观图像。进一步观测表明,"云台一号"比原来使用照相底片的探测能力提高了 3.8 星等,相当于把该望远镜的口径扩大 4~5 倍,充分显示出这种新型探测器的威力。此后十几年,我国天文台的中大型望远镜上都增添了 CCD 设备。CCD 也成为天文界众所周知的名词。"

"照相乳胶发明之前,使用望远镜对天体观测和记录只能靠人眼。法国物理学家费佐(Fizeau)和傅科(Foucault)在 1845 年拍摄到太阳黑子像,可以说是乳胶用于天文的起点。此后 100 年间,照相乳胶几乎成为天体可见光波段的唯一有效的探测器,在天文观测中居于垄断地位。"

"光电现象虽然早在 19 世纪末就为人们所认识,并研制出光电管,可以将光信号转化成电信号,但对天文目标来说,它的灵敏度是远远不够的。此后很长时间内,天文观测没有明显的进展。直到 1945 年,光电倍增管被发明以后,才受到天文工作者的重视。光电倍增管具有极高的内部增益,将阴极发射的光电子倍增几十万倍或更高,使可探测的阈值大为改善。它的另一优点是使天文观测的精度大为提高,这是照相乳胶远远不及的。利用这个工具,天文光电测光在 20 世纪 50—60 年代是恒星测光中最活跃的领域之一,光电倍增管和照相乳胶分庭抗礼,成为观测天文中两个互相补充的有力工具。"

　　随着科技的进步,析像管、电视摄像管、光电像管和电子照相机等相继试用于天文观测,效果均不理想,不是噪声太大,就是畸变失真或繁复笨重。二维光电探测只有在固体光电成像器件问世后才得以实现。20 世纪 70 年代初,固体器件为天文观测带来又一次革命,即依靠半导体和计算机技术所发展起来的电荷耦合器件(CCD)。短短 20 年时间内,除了极个别特殊场合,照相乳胶已被全面淘汰。CCD 结束了照相乳胶长达一百多年的统治地位。如图 15-5 所示为国家天文台兴隆基地配有 CCD 相机的 85 cm望远镜。

图 15-5　国家天文台兴隆基地配有 CCD 相机的 85 cm 望远镜

　　"有人总结说,20 世纪 60 年代之前二维天文探测器主要是照相乳胶的世界。70 年代各种电子数字探测器登上舞台,一时出现群雄逐鹿的局面。80 年代后 CCD 逐渐一统天下,20 多年来,成为唯我独尊的骄子。那么今后呢? 毫无疑问,CCD 不可能在可预见的将来被淘汰。新世纪探测器的走向是否又将出现百花齐放的盛况呢? 让我们拭目以待。"①

①　引自王传晋,叶彬浔编著《天文可见光探测器》,北京:中国科学技术出版社,2013 年版,第 180 页。

二、CCD 在天文观测上的应用

　　天文学科与 CCD 的关系非常紧密,它们的发展是相辅相成的。就过去 20 年内天文学上的发现而言,很大程度上是靠光电子探测器的发展取得的。天文观测的特点,包括低光度、宽频谱、大动态范围、大视场和高的空间分辨率对探测器提出了很高的要求,这实际上促进了 CCD 各项性能的改进,使之更新换代。天文观测得益于 CCD 探测器高量子效率、超低读出噪声、宽动态范围的优越性能,取得了丰硕的观测成果。

　　最近十几年来,随着电子技术和计算机技术的迅速发展,CCD 在天文上的应用已日益广泛,并获得了极大的成功。CCD 探测器的灵敏、方便、快速、精确等特点十分符合天文观测的需要,因而成为装备现代天文望远镜的主要检测工具。此外由于投资少,效益高,对原有的小型望远镜而言,CCD 也是一个很好的补充手段。

　　用于天文观测的 CCD 系统,由于具有噪声低和线性度好等一系列优点,可以观测很暗弱的天体,特别是能对星系、星云等天体成像,并能进行实时的图像处理,所以在现代天文观测中的作用越来越大。

图 15-6　装在望远镜焦平面处的 CCD(见白色方框)

　　据某些天文台应用 CCD 的做法,CCD 成像系统与普通照相机光学结构相同,只是在焦平面上用 CCD 取代了照相底片。(装在望远镜焦平面处的 CCD 如图 15-6 所示。)不过它必须与计算机系统联机,并装入相应的软件,才能控制 CCD 的工作程序和每幅 CCD 图像的读出与存储。一个典型的 CCD 系统结构示意图如图 15-7 所示。

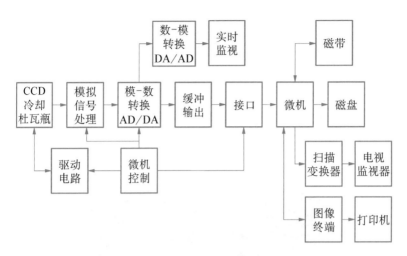

图 15-7　典型的 CCD 系统结构示意图

　　它的工作过程大体如下:把 CCD 置于冷却器中,将 CCD 放在望远镜的焦平面上接收信号,根据观测对象的亮度选取合适的积分时间(即累积曝光或露光时间,从几秒到几小时);积分结束后计算机启动驱动电路产生相应的脉冲,使 CCD 的模拟信号输出,经过放大和消除部分噪声后,送入模数转换器转换成数字信号,再经过接口送入计算机内存(磁盘、磁带或光盘);对存储器进行扫描可将图像显示在高分辨率的电视屏上,也可将图像拷贝下来予以保存,另有终端设备供人机对话。系统中还有一路数模转换系统,将数字信号变回模拟信号,供实时系统进行监测和对望远镜调焦等使用。整个系统工作中所需电源,以及 CCD 和模数转换所需的脉冲,由工作和控制电路控制。

　　CCD 原则上可适用于观测一切天体目标,如用小口径的望远镜(如 150 mm)附加 CCD 对月球和木星进行实际观测,都是比较成功的。若有口径 150～400 mm 的望远镜,就可利用 CCD 拍摄到河外星系乃至特别受到关注的活动星系。

三、CCD 用于天文观测的案例

1. 彗星的 CCD 成像观测

用 CCD 成像系统观测彗星,比目视观测更有优越性,可以累积曝光时间,便于发现暗弱的彗星,观察彗星的形状也会更清晰。图 15 - 8 为望远镜观测到的彗星。

图 15 - 8　望远镜观测到的彗星

进行 CCD 成像观测需用一套 CCD 成像装置,以及驱动电路和电源,加上制冷设备(液氮制冷或者半导体制冷)和计算机(装入相应的软件),如图 15 - 9 所示。通过接口把 CCD 成像装置接在望远镜的焦平面附近,如图 15 - 10 所示,即可进行 CCD 成像观测。

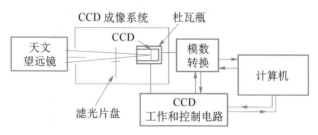

图 15 - 9　天文 CCD 观测系统示意图

电源接通后，要有一段时间使 CCD 制冷（一般达到－110℃），然后在快门打开前先记录暗电流值，以备处理资料用。观测时，将彗星在 CCD 探测器上成像。利用计算机依据望远镜的口径、彗星的亮度来设置曝光时间。资料处理在计算机上用专门软件来完成，可直接得到彗星的图像。

图 15－10　接在望远镜上的 CCD 摄像机

天文爱好者们，如果你们的望远镜有 CCD 成像系统，不妨用这种设备仿照上述方法来观测彗星图像。

2. 河外星系的 CCD 成像观测

在银河系之外还有形形色色的河外星系。一些河外星系早期称河外星云，如大麦哲伦云、小麦哲伦云和著名的仙女座大星云（图 15－11）。用望远镜看星系，可以看出它们不同的形态结构，用 CCD 成像系统拍摄下来则另有一番情趣。

图 15－11　仙女座大星云

用 CCD 成像系统观测河外星系，望远镜口径为 150～400 mm 或更大些，在望远镜的焦平面附加一台 CCD 成像系统，中间通过接口连接，便是拍摄遥远河外星系的良好设备。

CCD 成像系统需配备有制冷设备（例如半导体制冷器件）及驱动电路,计算机和相应的观测、处理软件。有的厂家生产的 CCD 成像系统包括两个 CCD 探测器,其中主要的 CCD 探测器用于天体的成像观测,另一个 CCD 用于导星,利用它可及时纠正望远镜的跟踪误差。

观测前,把 CCD 的驱动电源接上,使 CCD 制冷并进入工作状态。

观测时,把望远镜指向所观测的星系,调节焦距使星系成像于 CCD 的接收面上,由试测得到的星系图像清晰度来判断系统的焦距是否调好。观测期间将另一个 CCD 装置放在导星镜的后面,作为导星用,监视星系的某颗星,若有偏离迅速调整望远镜。观测时要输入预计的曝光时间,这要根据星系的亮度及望远镜的口径和 CCD 的灵敏度来经验地决定。

利用专用软件把观测的图像调出来,在计算机的显示器屏幕上即可查看观测的图像。

3. 天文自适应光学望远镜系统

我们知道,由遥远星体通过均匀介质传来的光波波面应该是平面波,但实际上传播过来的是经过大气湍流扰动的非平面波。也就是说光波通过大气时,其平面波前受扰动作用而畸变,大致引起三种效应:一是星像闪烁,二是星像晃动,三是星像模糊。这使天文望远镜很难获得宁静如明镜似的星像,也就无法观测许多遥远、微弱的星体。如果不能探测到这种时—空变化,并实时地予以补偿和校正,望远镜就不能获取一幅幅清晰的图像。

若用自适应光学技术校正光波波前动态的畸变,则可以解决上述问题,使光学望远镜的观测能力达到极高的水平。这项技术现已广泛应用于天文观测等领域。

自适应光学系统示意图如图 15 - 12 所示。畸变的波前经过自适应光学系统的校正,变为平面波前,由成像镜形成改正后的像。

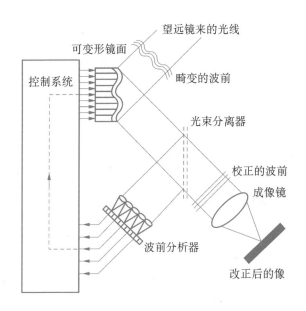

图 15 - 12 自适应光学系统示意图①

　　天文自适应光学望远镜系统(见图 15 - 13)通常由波前传感器、波前控制器和波前校正器三个子系统组成。波前传感器实时测量从目标传来的波前误差;波前控制器把波前传感器所测得的波前畸变信息转化成波前校正器的控制信号,以实现自适应光学系统的闭环控制;波前校正器将波前控制器提供的信号转变为波前相位变化,反其相而行之,以校正光波波前的畸变。

　　① 引自王传晋,叶彬浔编著:《天文可见光探测器》,北京:中国科学技术出版社,2013 年版,第 10 页。

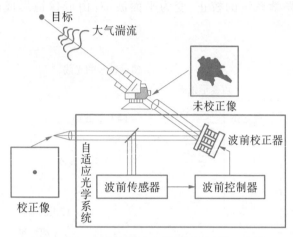

图 15-13 天文自适应光学望远镜系统示意图

　　天文自适应光学望远镜系统中的波前传感器子系统,如图 15-14 所示。它被称为哈特曼传感器,像面上均匀排列着几十个到近百个透镜组成的阵列,它们把畸变波前分别成像于 ICCD(增强电荷耦合器件)或 EBCCD(电子轰击电荷耦合器件)传感器光电阴极面上,变为二维光电子数分布,经过电子倍增,荧光屏电光转换,变为亮度得到高倍增强的可见光图像,继而通过 CCD 变为数

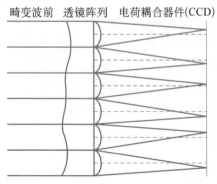

图 15-14 自适应光学哈特曼波前传感器原理图

字视频图像,再由计算机进行处理和计算,这个过程与上一章单光子计数成像相同。计算机将计算结果发送至波前控制器,由波前校正器做相应的反向补偿。

　　以上就是CCD用于天文自适应光学望远镜的基本情况,别不多叙。

　　郑老师说,有一年,南京紫金山天文台的天文工作者借助天文望远镜将一次彗星撞木星的天象记录下来,由中央电视台向全国和世界做了精彩报道。一幅幅十分珍贵的天文图像就是采用敏通 MTV - 1881 型 CCD 摄像机(图 15 - 15)通过天文望远镜直接实时拍摄的。我听了之后感到十分赞叹。

图 15 - 15　敏通 MTV - 1881 型 CCD 摄像机

第16章

无处不在的眼睛

监控颂

从白昼到夜晚，
从春季到冬天，
你永不疲倦的眼睛，
守卫着我们的家园。
像神圣的哨兵，
维护社会平安，
将犯罪暴露无遗，
交通违章无处躲闪。
为电网巡检节省人力，
保安无须彻夜不眠，
监控，我们忠实的朋友，
与我们的生活息息相关。

（以上这首小诗说的是监控系统。）

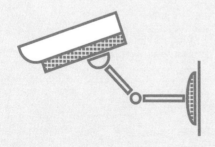

　　出于对 CCD 摄像机的兴趣,我特别关注 CCD 摄像机的应用,于是我走访了南京敏通公司。公司朱经理接待了我们。

　　朱经理说:"敏通公司总部在台湾,至今敏通设计生产的 CCD 摄像机系列产品,主要应用于:路口监控、家庭保安、门禁管制、医学检验、工业检查、仪器量测、影像电话、倒车监控、网络摄像机等,产品销售遍及全球市场。我们是敏通公司南京办事处(或称南京敏通公司),主营 CCD 摄像机(又称摄像头)和安保监控器材。"他指着样品展柜,这里绝大多数是敏通的产品,也有少量其他公司的。我看到好多新产品,的确是琳琅满目,目不暇接(图 16 - 1)。

图 16 - 1　各种 CCD 摄像头

　　朱经理把我们领到贵宾室,让我们在沙发上坐下,又给我们倒了茶,问我们的来意。我说这次来是想了解 CCD 在安防监控方面的应用。朱经理说:"我把所知的告诉你们,然后看看实物。"

　　朱经理说,他对安防监控的理解是,为"安全防范"所采用的监视控制设备与措施。视频监控技术按照主流设备发展过程,大致可以分为三个阶段,即 20 世纪 70 年代开始的模拟视频监控阶段,20 世纪 90 年代开始的数字视频监控阶段,近几年兴起的智能网络视频监控阶段。

安防监控系统未来发展的方向应该是:数字化、集成化、网络化和智能化。从以往的人工判断升级为自动判断并处理,减轻了值班人员的工作量。

如果您想在家里装一个最简单的视频监控系统,只要用 CCD 摄像头,一条电源线、一条视频线,一头接在录像机上、一头接在摄像头上,就行了,必要时接上一台监视器。如图 16-2 所示。

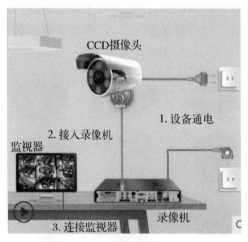

图 16-2 最简单的视频监控系统

一般说来,视频监控系统由实时控制系统、监视系统及管理信息系统组成(图 16-3,图 16-4)。实时控制系统完成实时数据采集处理、存储、反馈的功能;监视系统完成对各个监控点的全天候的监视,能在多操作控制点上切换多路图像;管理信息系统完成各类信息的采集、接收、传输、加工、处理,是整个系统的控制核心。

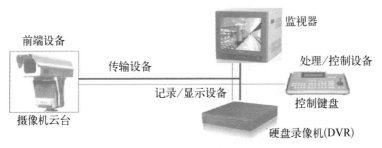

图 16-3 视频监控系统构成示意图

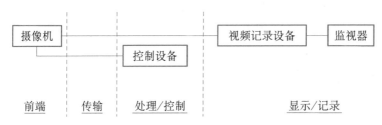

图 16-4 视频监控系统构成方框图

视频监控系统的工作原理是：被摄物体反射光线，传播到镜头，经镜头聚焦到 CCD 芯片上；CCD 根据光的强弱积聚相应的电荷，经周期性放电，产生表示一幅幅画面的电信号；经过滤波、放大处理，通过摄像头的输出端子输出一个标准的复合视频信号。这个标准的视频信号与家用的录像机、VCD 机、家用摄像机的视频输出是一样的，所以也可以录像或接到电视机上观看。

视频监控系统的主要设备(图 16-5)介绍如下：

摄像机 在闭路监控系统中，摄像机又称摄像头，用以采集图像。摄像头的主要传感部件是 CCD 芯片，是摄像头的核心。CCD 就像人的视网膜，它能够将光线变为电荷，并可将电荷储存及转移，也可将储存的电荷取出使电压发生变化，因此是理想的摄像元件。

镜头 分定焦镜头和变焦镜头。变焦镜头焦距可变,可将景物拉近或推远,实现几倍缩放效果。

云台 是可以带动摄像机左右、上下转动的设备,用它可以实现监控目标的全方位摄像。

监听头 它是一个高度灵敏而又体积小巧的麦克风。

防护罩 它为摄像机提供进一步的防护功能,防风吹、雨雪、日晒、雷电,以及防人为破坏。

控制主机 这是监控系统的大脑,所有的其他设备都要与控制主机相连。它通过键盘或计算机内的多媒体软件接收值班人员的控制操作,然后控制其他设备,例如控制云台的转动,镜头的变倍、聚焦、光圈变化。它还可以将要求的画面调到监视器上显示,使不同摄像机的画面按顺序显示出来,每路摄像机显示一定的时间,时间是可以调整的,这种功能叫作切换。

监视器 用于显示图像,它的好坏也直接影响图像的质量。

解码器 它把主机发来的动作命令译成云台转动、镜头变化所需的驱动电压信号,驱动相应摄像机、电动三可变镜头、室内云台等完成各种动作。

画面分割器 可以将多至16路不同的图像同时在一台监视器上显示出来。

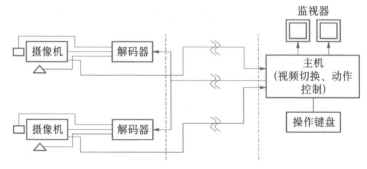

图 16‑5 视频监控设备组成

182

近年来,随着信息技术工具的发展,越来越多的监控技术应用于治安防范和家庭生活之中。我们在地铁、医院、写字楼等公共场所看到的监控摄像头,都在忠实地记录着周边所发生的一切。

> 有人问:"监控设备如此无处不在,监控下还有隐私吗?"
> 朱经理答道:"由于监控带来的隐私问题,许多场所需要通过法律或规章制度来规范。例如有的省明确规定居民住宅窗口、门口等地点禁止安装监控摄像头,以免暴露居民隐私。"

要安装一套视频监控系统,该如何选择CCD摄像机呢?

CCD摄像机种类繁多,我们可以先了解它们的分类。如图16-6所示。

CCD摄像机依成像色彩划分,有彩色摄像机和黑白摄像机。

CCD摄像机按照度划分,可分为以下几种:

普通型,正常工作所需照度 $1\sim3$ lx;

月光型,正常工作所需照度 0.1 lx 左右;

星光型,正常工作所需照度 0.01 lx 以下;

红外型,采用红外灯照明,在没有光线的情况下也可以成像。

CCD摄像机按外观分,可分为机板型、针孔型、半球型等。

要安装一套合适的视频监控系统,应根据监控地点实际情况和环境状况以及客户具体要求选择CCD摄像机。

> 朱经理又向我们介绍了安防监控行业未来的发展。随着国民经济的迅速发展及信息技术、网络技术的迅速发展,监控系统在各行业的应用日渐广泛。目前,监控系统已经不仅在通信、交通、安全等行业应用,它正逐步向其他行业、公众方向发展。

随着大众用户安全意识的不断提高,公众用户也不断地提出

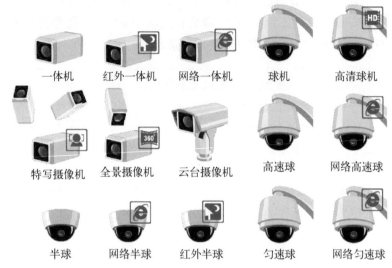

| 一体机 | 红外一体机 | 网络一体机 | 球机 | 高清球机 |

| 特写摄像机 | 全景摄像机 | 云台摄像机 | 高速球 | 网络高速球 |

| 半球 | 网络半球 | 红外半球 | 匀速球 | 网络匀速球 |

图 16-6　形形色色的监控摄像机

了安全防范及视频监控服务的需求。尤其中小企业、商户、家庭用户等在视频监控方面渐增的需求为商家提供了广阔市场。

随着物联网、大数据、云计算和人工智能等前沿科技的飞速发展,平安城市、智慧城市和公共安全网等纷纷涌现。传统安防行业开始转型升级,通过技术交叉融合,将出现应用创新、集成创新和模式创新的新局面,安防行业将进一步迅速发展。预期在不久的将来,就可以实现"全域覆盖、全网共享、全时可用、全程可控"的公共安全视频监控联网应用。

为适应平安城市和智慧城市建设的需求,已研制 IP 智能视频监控系统,即网络智能视频监控模式,如图 16-7 所示。该系统由前端设备、信令处理、媒体处理、存储处理和后端设备组成。IP 智能视频监控系统的特点:监视和存储图像清晰流畅,图像切换和云台控制快速灵活,图像保存安全可靠,数据查询简单快捷,系统运行可靠,管理和维护更加方便。

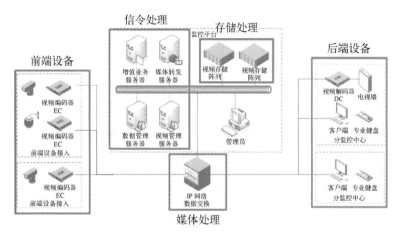

图 16 - 7　网络智能视频监控系统示意图

另外,犯罪分子利用科技网络,作案手段越来越复杂化,隐蔽性也更强,这就对视频监控安全防范的技术手段提出了更高的要求。

(1) 探测器需要由原来比较简单、功能单一的产品发展成为多种技术复合的高技术产品。例如,使用微波-被动红外复合探测器,以降低探测器的误报率。

(2) 安全防范技术要求更有效、更直观,这是安全防范系统发展的趋势。这就要求摄像头趋向微型化和智能化,以使探测器更隐蔽。数字化摄像机、数字录像机、数字化硬盘存储技术的投入应用,使录像装置能够长时间地录像,图像更清晰,保存时间更长,检索回放更方便。

(3) 在电视监控系统中应用多媒体技术,计算机能够处理图形、图像、声音、文本等多种信息资源,提取有用的信息。

(4) 建立综合的安全防范系统也是今后发展的趋势之一。综合安全防范系统中既有入侵防盗功能、防火功能、防爆功能,还有安全检查功能等。

（5）信号传输由模拟有线信号转为数字无线信号，这也是安防系统的发展趋势之一。这种信号传输的转变，可以降低施工中的布线工作量，节省材料，并且提高安全防范系统的可靠性和稳定性。

> 总之，现在视频监控系统已广泛应用到教育、政府、娱乐、医疗、酒店、金融等各种领域，成为预防事故、震慑犯罪、保障人身和财产安全、维持社会安定的重要手段。我们无论在工作、购物、旅游还是开车时，都处在视频监控系统之中。视频监控系统无处不在，与我们的生活息息相关，可以说是"无处不在的眼睛"。

第17章

机器人的眼睛

机器人赞

似人动作并非人，
神奇灵活又精准。
巧夺天工谁创制，
惊叹科技时时新。

（这首七言打油诗，赞的是机器人。）

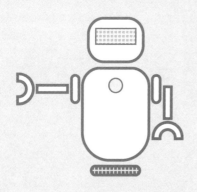

当前机器人是热门话题。君不见,高等院校纷纷办起人工智能/机器人系科,如雨后春笋;许多科研院所搞起人工智能科研,不断创新,如百花争妍;国内外公司生产销售起各种类型机器人,满足社会需求;工业机器人在工厂矿山正协助或取代人类的工作,大有用武之地;各种用途的智能机器人进入寻常百姓家,成为生活和学习的助手。人工智能事业蒸蒸日上,方兴未艾。

　　我早就有一睹智能机器人迷人风采的心愿,不久前,中国(南京)机器人应用技术展览会主办方送给我一张参观卷,给我一次难得的学习机会,我喜出望外,欣然前往。这次参观使我大开眼界。

　　展览会门口站立着美女迎宾机器人,酷似迎宾小姐,栩栩如生,以假乱真(图 17-1)。

　　在宽大的展厅里布满了各式各样的机器人,琳琅满目,使人目不暇接,如进入科幻世界,令人惊奇。

　　我一面看着展板,一面仔细听着讲解员的介绍。

图 17-1　美女迎宾机器人

一、机器人的发展历史

　　"机器人"一词最早出现在捷克著名的剧作家和科幻文学家卡雷尔·恰佩克(Karel Capek,1890—1938)的剧本《罗素姆的万能机器人》中。该剧描述了一个与人类相似,又能不知疲倦工作的机器奴仆 Robot(读作罗伯特)。Robot 这个名词源自捷克文

"Robota",意为苦力、奴隶,即人类的仆人,从那时起,Robot 一词沿用至今,中文意思为"机器人"。

 知识链接

卡雷尔·恰佩克与恰佩克奖

图 17 - 2
卡雷尔·恰佩克像

图 17 - 3 《罗素姆的万能机器人》剧照
(右边为机器人)

卡雷尔·恰佩克(Karel Capek,1890—1938,图 17-2)是捷克著名的剧作家和科幻文学家,童话寓言家,新闻记者,卓越的反法西斯战士。生于捷克一个乡村医生家庭。1915 年大学毕业后,从事新闻工作并开始文学创作。1920 年发表了科幻剧本《罗素姆的万能机器人》(图 17-3),创造了"机器人"这个词,此剧本已成为世界科幻文学的经典。1921 年后陆续出版科幻作品。1936 年出版了著名的长篇科幻小说《鲵鱼之乱》。还著有大量长短篇小说、剧本、游记等。是捷克文学史上占有重要位置的作家之一。

恰佩克奖(The Capek Prize)就是以他的名字命名的奖项,创立于 2014 年,奖励在机器人领域做出贡献的组织和个人,旨在致力于做机器人行业发展的见证者,打造机器人行业的"诺贝尔奖"。

1942年,著名科普读物作家阿西莫夫(Isaac Asimov)在科幻小说《流浪者》中,提出机器人学(Robotics)一词,并预测了机器人所涉及的科学领域和存在的问题。

1954年,美国人乔治·德沃尔(George C.Devol)制造出世界上第一台可编程的机械手,并注册了"通用机器人"专利。这种机械手能按照不同的程序从事不同的工作,因此具有通用性和灵活性。

1959年,德沃尔与美国发明家约瑟夫·英格伯格(Joseph F. Engelberger)联手制造出第一台工业机器人(图17-4)。随后,成立了世界上第一家机器人制造工厂——Unimation公司。由于英格伯格对工业机器人的成功研制,他被称为"工业机器人之父"。

图17-4　德沃尔与英格伯格共同研制工业机器人

德沃尔与英格伯格的合作有一段趣话:1956年,在一场鸡尾酒会上,德沃尔与英格伯格谈得很投机,他们一边喝着鸡尾酒一边谈论着卡雷尔·恰佩克有关机器人的剧作。他们觉得自己能够把恰佩克的机器人概念变成现实,决心共同研究制造工业机器人,把人从繁重、单调、艰苦的劳动中解放出来。英格伯格买下了德沃尔申请的"程序化部件传送设备"专利,并结盟并肩作战。

英格伯格和德沃尔密切合作,共同设计了一台工业机器人。由英格柏格负责设计机器人的"手""脚"和"身体"部分,也就是机械部分。由德沃尔负责设计"头脑""神经系统"和"肌肉"部分,也就是机器人的控制装置和驱动装置。他们于 1959 年开始制造,终于造出世界上第一台工业机器人,叫作"尤尼梅特"(Unimate),意思是"万能自动",1961 年正式投入工作。

1962 年,美国 AMF 公司生产出万能搬运(Verstran)机器人,与 Unimation 公司生产的"尤尼梅特"机器人一样成为真正商业化的工业机器人,并出口到世界各国,机器人技术的研究与应用得到了快速发展。

 知识链接

乔治·德沃尔和约瑟夫·英格伯格

乔治·德沃尔(George C. Devol,1912—2011,图 17 - 5),美国肯塔基州人,发明家,机器人的发明者之一。20 世纪 50 年代,在工业机器人出现之前,德沃尔先从事电机工程和机器控制器的工作。1954 年他制造出世界上第一台可编程的机械手,并注册了专利。这种机械手能按照不同的程序从事不同的工作,因此具有通用性和灵活性。1959 年德沃尔与英格伯格联手制造出第一台工业机器人。

图 17 - 5 乔治·德沃尔   图 17 - 6 约瑟夫·英格伯格

约瑟夫·英格伯格(Joseph F.Engelberger,1925—2015，图17-6)，生于美国纽约，先后获得哥伦比亚大学物理学士和电子工程硕士学位。他于1959年研制出了世界上第一台工业机器人，为机器人工业领域做出了十分卓越的贡献，被称为"机器人之父"。他还被选为美国工程院院士。

二、我国古代的机器人设想

我国早就有造机器人的思想和实践，远在2900年前的西周时代，有个叫偃师的能工巧匠，用皮革、木头、胶漆和颜料造了一个能歌善舞的偶人，展示给周穆王看，使君王大为惊叹，这偶人可看作世界最早的机器人，见于《列子·汤问》一书第十三篇《偃师造人》。三国时期诸葛亮造的"木牛流马"，也可视为一种自动机械的雏形。汉朝时张衡所造记录里程数的"记里鼓车"被称作"古代机器人"。

 知识链接

偃师造人

《偃师造人》故事发生在周穆王(前1026年？—前922年？)西巡归国时，周穆王在途中遇到一名自愿奉献技艺的工匠，名叫偃师，他献给周穆王一个出色的偶人。这偶人和常人的外貌极为相似，偶人的动作和真人无一不像，掰动下巴，则能唱歌，调动手臂便会起舞，让旁观者惊奇万分，周穆王也喜不自禁。然而，表演将毕，那偶人向周穆王的侍妾眉目传情，王勃然大怒，以为这是经过装扮的真人，来愚弄自己，便要将偃师当场处决。偃师赶紧将此物拆解自保，并证明此物只是一个人偶，好让周穆王息怒。拆开一看，人偶确实只是由皮革、木头、胶漆、黑白红蓝颜料组成的假人。被拆解的人偶再完整地装回去，又栩栩如生。偃师解除了周穆王的疑惑，周穆王心悦诚服，大叹偃师技法的高超。

三、机器人简介

我国科学家对机器人的定义是：机器人是一种自动化的机器，这种机器具备一些与人或生物相似的智能能力，如感知能力、规划能力、动作能力和协调能力，是一种具有高度灵活性的自动化机器。

换句话说，机器人是具有一定智能的机器，它能模仿人的眼、耳、口、鼻、手等器官，它既可以接受人类指挥，又可以运行预先编排的程序，做各种各样的动作。

机器人技术综合了机械工程、电子技术、计算机技术、控制论、信息和传感技术、仿生学及人工智能等多学科的最新研究成果，从而形成高新技术，是当代研究十分活跃、应用日益广泛的领域，代表了当代高新技术的发展前沿。总之，机器人技术已成为衡量一个国家综合技术水平的重要标志。

到目前为止，机器人的发展已经历四代。工业机器人是第一代机器人，属于示教再现型；第二代则具备了感觉能力；第三代机器人是智能机器人，不仅具有感觉能力而且还具有独立判断和行动的能力，机器人向多样化高智能方向发展；第四代机器人是感情机器人，它具有与人类相似的情感。

机器人的分类方法有许多：按应用类型可分为产业用机器人、

极限作业机器人和服务型机器人。按控制方式可分为操作机器人、程序机器人、示教—再现机器人、数控机器人和智能机器人等。

机器人系统是由机器人和作业对象及环境共同构成的,一般说来,工业机器人由三大部分、六个子系统组成。三大部分是机械部分、传感部分和控制部分。六个子系统是驱动系统、机械结构系统、感知系统、机器人—环境交互系统、人—机交互系统和控制系统,如图17-7所示。图17-8为一种焊接工业机器人。

驱动系统:使机器人运行起来的传动装置。

机械结构系统:由机身、手臂、末端操作器组成的一个多自由度的机械系统。

感知系统:由内部传感器和外部传感器组成,获取内部和外部环境状态的信息。

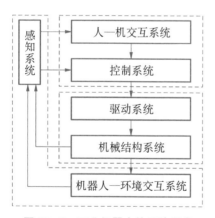

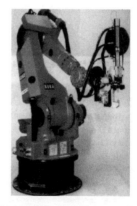

图17-7　工业机器人的系统组成　　图17-8　一种焊接工业机器人

机器人—环境交互系统:实现工业机器人与外部环境中的设备相互联系和协调的系统。

人—机交互系统:是操作人员参与机器人控制、与机器人进行联系的装置。

控制系统:根据机器人的作业指令程序以及从传感器反馈回

来的信号,支配机器人的执行机构去完成规定的运动和功能。

四、机器人的应用

机器人有着极为广阔的用武之地,其应用领域越来越广泛。在工业、农业、国防、交通、医疗、金融,甚至体育、娱乐等行业都获得了广泛的应用,可以说已经深入到社会生活、生产和工作的方方面面。

在工厂矿山,有危险或人眼难以观察的场合,用机器人替代工人,从而提高了作业的安全性。电焊、油漆、电视装配、飞机钻孔、采煤、搬运,到处都有机器人的倩影。

在农村,机器人种植庄稼、灌溉田地、采摘水果、挤牛奶、剪羊毛、喂牲畜,甚至植树造林,它们什么农活都能干。

在太空,机器人登上月球,揭开了月球神秘的面纱;飞上火星,探测火星上有无生命存在。

在海洋,机器人寻宝藏,为人类开发海洋资源。

在家庭,机器人担当起日常生活服务,或者替人们去干那些人们不愿干或干不了、干不好的工作。例如,智能机器人在现代家庭里,可以扫地(图 17-9)、拖地、娱乐、陪聊、辅导孩子,等等。现实生活中机器人无处不在,发挥着重要的作用,并已经完全融入了人们的生活,为人类造福。比尔·盖茨曾预言:家用机器人很快将席卷全球。

总之,在未来的几十年里,机器人将逐渐扩展到工业和科研之外的领域,进入日常生活,这与计算机在 20 世纪 80 年代开始逐渐普及到家庭的情况类似。

图 17-9　智能扫地机器人

听罢讲解员的一般性介绍,我走向一位智能机器人,它老远就"看到"我了,向我招手,嘴里说着:"您好!"我听了非常高兴。我迎上去,它立即伸出手来,微笑着和我握手,以清脆的声音,热情地说道:"欢迎光临。"我问讲解员它是怎么看到我的呢? 回答是:"机器人有'眼睛'!"于是讲解员向我仔细介绍了机器人的眼睛,也就是所谓的"机器人视觉系统"。

五、机器人视觉系统

人的眼睛是感觉之窗,视觉是自然界生物获取信息的最有效手段,人类 80% 的信息都是依靠视觉获取的。能否造出"人工眼",让机器也能像人那样看东西呢? 基于这一思想,研究人员开始为机器人安装"眼睛",使得机器人跟人类一样通过"看"获取外界信息,这就是机器人视觉,广义上称为机器视觉,其基本原理与计算机视觉类似。

机器人视觉系统是使机器人具有视觉感知功能的系统,是通过传感器和计算机来对外部环境进行测量、识别和判断的。所谓视觉系统,说得通俗些,就是一台摄像机接一台计算机。摄像机担任获取图像任务,计算机则用来完成视觉处理工作。

机器人视觉系统包含硬件和软件,如图 17-10 所示。

机器人视觉系统的硬件由下述几个部分组成:光学系统、视觉传感器、图像采集卡、计算机。光学系统指的是照明光源、镜头等。机器人常用的视觉传感器为摄像机或工业相机,内含光电二极管与光电转换器件:CCD 图像传感器、CMOS 图像传感器以及其他的摄像元件。图像采集卡实质上是模-数(A/D)转换器。图像采集卡接收模拟视频信号并通过 A/D 转换器将其数字化。近几年来由于科

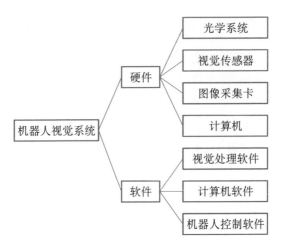

图 17‐10　机器人视觉系统组成

技的迅猛发展,图像采集卡这种模拟信号转数字信号的形式已渐渐被工业数字摄像机所代替,数字摄像机直接输出数字视频。

机器人视觉系统的软件包括:视觉处理软件、计算机软件、机器人控制软件等。视觉处理软件可自动完成图像的采集、显示、存储和处理。

图 17‐11 为机器人视觉系统组成示意图。

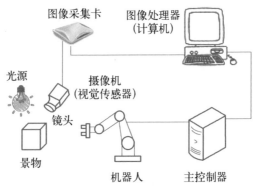

图 17‐11　机器人视觉系统组成示意图

听到在机器人视觉系统中也有光电成像器件 CCD 和 CMOS 的身影,我的兴致来了,于是追问 CCD 视觉传感器在机器人中是如何发挥作用的呢? 讲解员做如下解释。

从功能上看,典型的机器人视觉系统可以分为:图像获取部分、图像处理部分和运动控制部分,如图 17－12 所示。

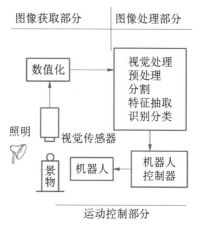

图 17－12 工业机器人视觉系统功能示意图

图像获取:视觉传感器是把景物的光信号转换成电信号的器件。现在 CCD/CMOS 摄像机已成为机器人视觉的主要传感器。

图像处理:视觉处理通常包括预处理、分割、特征抽取和识别分类。将模拟图像信号输入计算机,应用模拟—数字转换器(A/D)把模拟图像信号数字化,变成数字图像信息,存入计算机,然后利用视觉系统软件和专用电路来处理和识别这些图像信息。

运动控制:将经过处理的图像信息输入机器人控制器,对机器人进行控制,使机器人按控制指令运动。

具体说来,机器人的视觉是这样一系列过程:首先,利用视觉传感器(如 CCD 摄像机)获得立体物体的平面图像,如要获得立体图像,应该同时采用两个成一定夹角的视觉传感器,通过计算来获取它的三维立体图像信息。某些情况必须采用彩色 CCD 摄像机，不过大多数工业机器人仅需要黑白 CCD 摄像机。这是图像获取过程。然后，通过视觉处理器对一幅或多幅图像进行处理、分析和解释，得到有关物体特征的描述，或者获得测量结果，为特定的任务提供有用的信息，从而指导机器人动作。

听到我情有独钟的光电成像器件 CCD/CMOS 在机器人中也有重要作用，我由衷地高兴，不禁赞叹：光电成像器件的确是无处不在的眼睛。

最后我要说明：近几十年来，"机器人"的研制日新月异，发展很快。已研制出形形色色的机器人，这里只是做蜻蜓点水似的介绍。读者欲深入了解，请参阅有关机器人的书籍文献。

第18章

光电成像的回顾与展望

CCD 颂

你有一个美丽的名字，
叫电荷耦合器件。
博伊尔和史密斯的创新，
使你在 1970 年降临人间。
你玲珑的身体里，
装着千万光电二极管。
能把光转成电信号，
你技压群芳功能非凡。
默默地注视着世界，
像昆虫的复眼。
电子产品里有你的身影，
军事装备里有你的贡献。

乘长风遥感巡天，
破巨浪深海探险，
你曾上九天揽月，
发回月宫背面珍贵图片。
从白昼到夜晚，
望远镜里把繁星观看，
监控里有你忠实的眼睛，
不分昼夜肩负安全防范。
如今你似八九点钟太阳，
将来必定如日中天，
你曾创下辉煌业绩，
你的前途光明灿烂。

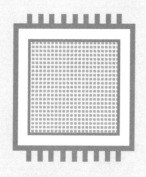

漫谈到此,临近结束。掩卷深思,似乎言犹未尽,还想做个简短的总结,谈谈光电成像技术的过去、现在和未来。这个题目太大了,我不是专家,做此评论,恐自不量力,言不及义,无法概全,至于未来,谁能预料,我在此只不过发表一点个人看法,仅此而已。

一、什么是光电成像系统

首先我们要扩大光的概念,现今高科技时代所论述的"光",已不仅仅是裸眼看到的可见光,它应包括从高能粒子辐射(α、β、γ 射线)、X 射线、紫外线、可见光、红外线,到短波、中波和长波的无线电波等。

光电技术是一门以光电子学为基础,将光学技术、电子技术、精密机械及计算机技术紧密结合的新技术,也就是说,是实现光机电算控一体化的技术,是获取光信息或借助光提取其他信息的重要手段。

光电子成像技术作为光电技术的重要组成部分,它以景物图像摄取、转换、增强、处理和显示为主要内容和表现形式。

现代光电子成像技术通过设计制造的高灵敏度、宽光谱的光电子成像器件及系统,弥补或克服了人眼在空间、时间、灵敏度和光谱响应等方面存在的缺陷,把人类天生不能看见或不易看见的微弱光、红外光、紫外光、X 射线、γ 射线及其他电磁辐射变为可视光图像,在工业检测、军事光电对抗、红外探测、控制跟踪、测绘以及航天遥感、高速摄影、弱光探测、医疗诊断和生物研究等军用和民用领域,得到越来越广泛的应用。

一般说来,光电成像系统基本组成如图 18 - 1 所示。该图清晰地表明了光电子成像技术所涉及的图像信息流。光电子成像过程的信息流程可概括为以下七个环节:光源、景物(光源照射的物体)、传输介质、光学系统(信号分析器)、光电摄像器件(信号变换器)、显示器和末端执行机构(例如人眼)。

图 18‐1 光电成像系统基本组成

光电子成像系统按工作模式可分为以下三类:

1. 直视成像系统

光电子成像器件输出的图像通过目镜或放大镜,直接供人眼观察,例如各种观察镜、瞄准镜、夜视眼镜等。此类系统结构简单,携带方便,应用广泛。

2. 电视摄录成像系统

成像过程:景物光辐射到成像(摄像)器件光敏面,生成电子图像,再生成视频信号,并转换为监视器上显示的可见光图像,供人们观察和分析。或者光电子成像器件本身就是视频器件(如CCD、CMOS 数码相机),它们直接提供视频图像,输出至电视显示器,再由人眼观看,或由计算机进行图像处理。系统的视频工作模式便于景物图像的优化处理、压缩存储和远距离传送。

3. 电脑可视化重构系统

该系统不直接从光电子成像器件的输出端取得图像信号,而是根据测得的数据矩阵,按照被考察物理量与再现图像细节等参数建立数理模型,通过计算机重构生成一幅幅二维图像。例如,医用 X 射线 CT 图像、核磁共振图像等。

二、光电子成像器件

　　光电子成像器件是指能够输出图像信息的器件,是光电子成像系统的核心部件,作为各类装备的"眼睛",它们完成光电转换、倍增、处理和显示功能的工作。光电成像器件按波段可分为可见光、紫外线及红外线光电成像器件,按工作方式可分为直视型成像器件和非直视型成像器件。直视型器件本身具有图像转换、增强和显示功能,这类器件主要有各个波段的变像管、微通道板和像增强器,这三种统称作像管。非直视型成像器件将可见光或辐射转换成视频电信号,这类器件主要有各种摄像器件、光机扫描成像器件等。光电子成像器件的主要品种如图 18－2 所示。

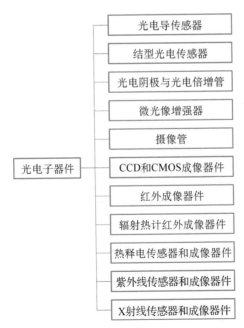

图 18－2　光电子成像器件的主要品种

光电子成像器件还可分为固体光电子成像器件、真空光电子成像器件和图像显示器件。

(1) 固体光电子成像器件:工作原理基于半导体内光电效应,即光生伏特效应或光电导效应;制造基于半导体集成电路工艺。属于这一类的器件有:红外探测器、CCD、CMOS 以及 EBCCD(电子轰击 CCD)等。

(2) 真空光电子成像器件:结构形式多为超高真空像增强器模式。属于此类器件的有像管、光谱各波段的像增强器、ICCD(像增强 CCD)等。

(3) 图像显示器件:包括阴极射线显示屏(CRT)、液晶显示器(LCD)、等离子体显示器(PDP)、发光二极管阵列显示器(LED)和有机半导体发光二极管阵列显示器(OLED),等等。

光电子成像器件的发展历史,如果自 1934 年 G.霍尔斯特(G.Holst)等人发明了第一只红外变像管算起,则已有 80 余年了。光电成像器件的历史悠久、发展迅速、种类较多。重要的发展阶段为:1934 年的光电倍增管,1947 年的超正析像管,1954 年的灵敏度较高的视像管,1965 年的氧化铅摄像管,1976 年的灵敏度更高、成本更低的硒靶管和硅靶管,1970 年的电荷耦合器件(CCD)等。CCD 固体摄像器件的发明可以说是光电成像器件领域中的一次革命,对现代科学技术进步起了积极的推动作用。

 知识链接

第一只红外变像管

红外变像管利用光子—电子转换原理,使银氧铯光电阴极接收红外辐射,由光子转换为电子,再通过荧光屏,使电子转换为光子,得到人眼能察觉的图像。它在第二次世界大战和朝鲜战争中得到应用。但是,由于需要使用红外探照灯"主动"照明目标,有易暴露自身目标的缺点。

80年来,光电子成像取得了惊人的发展,显示出极为辉煌的前景。目前,光电子器件发展十分迅猛,不断采用新技术、利用新材料、研究新原理、开发新产品,各种新型器件不断涌现、器件性能不断提高。光电子器件的体积越来越小,集成度越来越高,各种新型固体成像器件不断被开发成功,在很多方面代替了传统的真空光电器件。

由于光电子成像的惊人进步,光电子成像器件在国防、工业、医学、核物理学、天文学以及实验教学上得到越来越广泛的应用,为人类精神文明和物质文明的进步,提供了强有力的技术支持,具有很强的生命力。

光电子成像器件在人们的日常生活中应用越来越广泛,勾画着未来人类日常生活的美景。数码相机、摄像机、摄录一体机和手机相机产品,其发展速度可以用日新月异来形容,短短的几年,数码相机就由几十万像素发展到上千万像素,甚至更高。此外,在军事上光电子器件应用范围十分广阔,如夜视眼镜、微光摄像机、光电瞄具、红外探测、红外制导、红外遥感、导弹探测等先进器件,难以胜数。

光电子成像系统这门学问,浩如烟海,本书作为漫谈,并未面面俱到,只是蜻蜓点水似的涉猎几种光电子成像器件及其应用,重点是我情有独钟的CCD和CMOS成像器件及其应用,因此难免有顾此失彼、挂一漏万、一叶遮目不见森林之感。记得牛顿说过一段话,大意是:他像是一个在海滨玩耍的小孩,只不过发现了几片美丽的贝壳,而浩瀚的真理海洋,却全然没有发现。一位科学巨人尚且这么说,更何况我是凡夫俗子呢!

三、CCD 发展的足迹

现在我来谈谈我喜爱的 CCD 光电传感器的历史沿革、技术现状与发展趋势。

电荷耦合器件(CCD)被我国光电专家王庆有教授称作"电眼"和"智慧的眼睛",因此,我把这本以 CCD 为主角的小书命名为"无处不在的眼睛"。

前面我们说过,1969 年,美国贝尔实验室的博伊尔(S. Boyle)和史密斯(C. E. Smith)提出 CCD 的概念,他俩被称为"CCD 之父"。CCD 是在 MOS 晶体管的基础上发展起来的,所以有人说,CCD 是"多栅 MOS 晶体管"。CCD 自问世以来,由于它无比的优越性能和诱人的应用前景,引起了各国普遍重视,作为一种固体摄像器件,CCD 在图像传感应用方面已经取得令人瞩目的业绩,发展极为迅速。

1975 年的第一个 CCD 只有 5 万像素,如今,几十年过去了,千万像素的 CCD 面阵固体摄像器件在工业和民用领域已随处可见。数码相机、摄像机、电影摄录机、手机、监控设备、人脸识别系统,众多的数码产品都在用 CCD 器件,这个器件彻底改变了人类的生活,并且已经渗透到许多科学领域,对现代科学技术进步起了积极的推动作用。

近年来,CCD 图像传感器的应用更加深入,它的用量以每年超过 20% 的速度递增。从目前 CCD 技术的发展趋势来看,CCD 将向高分辨率、高速度、微型化、多光谱、紫外线、X 射线、红外线等方向发展。

同时 CMOS 图像传感器也在迅速发展,近几年,数码相机和微型摄像机中,CCD 和 CMOS 图像传感器相互竞争。在这样的形势下,CCD 图像传感器不得不继续发挥自己的优势,同时也必须克服它本身同 CMOS 相比存在的缺点。总之,作为高端图像传感器的 CCD,仍有巨大的发展前途。随着科技的日益更新,CCD 图像传感器进一步实现低功耗、低成本、多功能。作为视觉传感器的 CCD 摄像器件,在光电图像信息获取与处理中将起更大作用。CCD 图像传感器的市场十分广阔,前景十分看好。

四、光电子成像技术的发展趋势

光电子成像器件的发展迅速、种类繁多、应用广泛,预测其发展趋势是很困难的,我似"井底之蛙",才疏学浅,难做评论,只有介绍一下专家的观点。

周立伟院士在《心驰科普》[①]一书中,对未来的展望如是说:

"光电子成像技术作为一门分支学科,随着科学技术的发展、国防战备和经济建设的需要,在不断发展之中。新的概念、新的思想、新的工艺和新的技术的出现,推动着光电子成像器件和技术日新月异地发展。新世纪的光电子成像技术发展总趋势为向着高增益、高分辨率、低噪声、宽光谱响应、大动态范围、小型化、固体化方向前进。在 21 世纪初,各种光电子成像元器件在性能上将有很大的提高。在微光技术领域,将会有灵敏度高达 4 000 μA/m 以上,而光谱响应向 1.5 μm 以上波长扩展的 NEA 光电阴极;具有方形通道、弯曲通道与长寿命的微通道板;新型的电子倍增器(特别是用硅材料)与高性能的靶面;高密度和高位置灵敏度的 MCP 读出系统,等等。预期微光新一代器件的水平将达到:响应波长延伸到 1.5 μm,辐射灵敏度在 1 μm 处大于100 mA/W,信噪比大于 64,等效背景照度为(3~5)×10^{-10} W/cm^2。所有这一切将使图像增强,低照度摄像和光子成像计数探测等技术

---

① 引自周立伟著:《心驰科普》,北京:北京理工大学出版社,2016 年版,第 149—150 页。

跃上一个新的台阶。"

"还应该指出,随着微电子技术与光电子技术的进展,光电子成像器件的固体化、集成化以及固体与真空相结合已成为不可避免的趋势。借助固体物理学的成果,光电子成像技术将迅猛地向前发展。"

周院士还说:由于我国有较完善的电子工业体系与兵器工业体系,有相当的设备与生产能力,又有一大批从事光电成像的科技人员,潜力是巨大的。我们坚信,未来中国将会对光电成像做出自己应有的贡献。

(说明:在上述引文中,NEA 是负电子亲和势,表面势垒低于导带底的称为负电子亲和势。MCP 为微通道板,是一种像增强器件。)

 知识链接

电子光学和光电子成像专家——周立伟

周立伟(1932— ,图 18-3),出生于上海市,浙江诸暨人。电子光学与光电子成像技术专家,宽束电子光学学派的开拓者与奠基人。1958 年毕业于北京工业学院(现北京理工大学),现任北京理工大学教授。1984 年被授予国家级有突出贡献的中青年专家称号。1997 年被俄罗斯萨玛拉国立航天大学授予名誉博士称号。1999 年当选中国工程院院士。2000 年当选为俄罗斯工程科学院外籍院士。

图 18-3 周立伟

周立伟长期在宽束电子光学、光电子成像领域从事教学与科研工作,研究方向为静态和动态宽束电子光学的理论和计算机辅助设计。他所研制的像增强器电子光学系统设计软件包为我国微光夜视器件自主研制与开发开辟道路,并为培养我国的光电子成像科技人才做出了重要贡献。科研成果荣获全国科学大会奖等多项奖励。发表学术论文、科技报告270余篇,专著5部。专著《宽电子束光学》获第八届中国图书奖。

多年来,周立伟一直在教学与科学研究的第一线上。在指导研究生的过程中,他以自己对祖国科教事业的献身精神、严谨的治学态度,潜移默化影响着自己的学生。他以自己"热爱祖国,忠诚教育,献身科学,勤于钻研,勇于创新,追求卓越"的信条,来教导学生们在"做学问中学做人,做人中学做学问"。

回顾自己的科研之路,周立伟说:"我没有过人的天赋,但我自问是一个勤奋努力、永不放弃的人。在科学研究方面,我给自己树立的目标是一定要走出自己的一条路来,要做出国际先进水平的成果。当我认定了这条道路,不管多少困难,哪怕经过10年、20年都一定要实现它,这个信念从来没有动摇过。"

如今,周立伟将更多的时间用在科普工作中,写书、写随笔、给学生们做科普报告,他都乐在其中。周立伟说:"我觉得很多年轻人都十分优秀,比我聪明得多,他们接触的知识面也更多,未来会很有希望。我也希望力所能及地向他们分享一些我的经历、我的故事,讲讲人生,谈谈成长。"

光电技术专家王庆有教授在《光电技术》一书中写到,当今世界光电子产业呈现出以下发展趋势:

(1) 光通信向超大容量、高速率和全光网络方向发展。超大容量 DWDM①的全光网络将成为主要的发展趋势。

---

① 在上述引文中,DWDM 是密集型光波复用的英语缩写,DWDM 是指组合多个光波用一根光纤进行传送,这样,在给定的信息传输容量下,就可以减少所需要的光纤的总数量。

（2）光显示向真彩色、高分辨率、高清晰度、大屏幕和平面化方向发展。

（3）光器件的发展趋势是小型化、高可靠性、多功能、模块化和集成化。

光电子成像技术是 21 世纪的尖端科学技术，它将对整个科学技术的发展起着巨大的推动作用。

 知识链接

光电技术专家——王庆有

图 18 - 4　王庆有

王庆有（1945—　，图 18 - 4），黑龙江省牡丹江市人，天津大学精密仪器与光电子工程学院教授，国内光电技术、CCD 应用技术领域的著名专家。

早在 1970 年王庆有教授就开始进行光电技术方面的科研与教学工作，1980 年开始对 CCD 应用技术进行研究，是国内最早从事光电技术与图像传感器应用技术研究的专家。先后编写《CCD 应用技术》《图像传感器应用技术》《光电技术》《光电传感器应用技术》和《光电信息综合实验与设计教程》等教材，发表学术论文几十篇，持有多项发明专利和省部级科技进步奖励，创建了天津耀辉光电技术公司，该公司成为光电传感器教学仪器设备研发的高新技术企业。1988 年到 2012 年 7 月，他在全国范围内举办了 25 届"CCD 技术讲习班"，先后有近 500 名工程技术人员与大学教师参加了培训，并在国内各个领域发挥了巨大作用。

王庆有教授多年来一直从事光电测控技术与 CCD 应用技术的教学和研究工作,研制了 CCD 多通道光谱探测器、铁轨振动的非接触测量仪器、CCD 用于刚体平面振动的测量装置等。

多年来王庆有教授开发了多种线阵 CCD 驱动器和计算机数据采集卡产品,为在全国推广 CCD 应用研究做出了贡献。

最后我想寄语本书的青少年读者:这本小书简略地谈了现代光电子成像系统及其应用的几个侧面,挂一漏万,浮光掠影,既不全面,也不深入,只不过给大家一点精神食粮,增加知识,借以提高科学素养,如想进一步了解更多的关于光电子成像的知识,请查看专业书籍。

我们处在更新换代异常迅速的新时代,新事物层出不穷,我们不要拒绝新事物,要了解、学习新事物,跟上科学技术发展的步伐,做到与时俱进,用先进的科学知识武装自己的头脑,以便将来为建设祖国和保卫祖国大显身手,做出巨大贡献,祝你们成功。

图 18-5　前程远大(丰子恺)

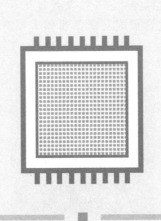

参考文献

［1］王庆有,孙学珠.CCD 应用技术［M］.天津:天津大学出版社,1993.

［2］王庆有.光电传感器应用技术［M］.北京:机械工业出版社,2007.

［3］雷玉堂,王庆有,何加铭,等.光电检测技术［M］.北京:中国计量出版社,1997.

［4］王庆有.图像传感器应用技术［M］.北京:电子工业出版社,2006.

［5］王庆有.CCD 应用技术［M］.天津:天津大学出版社,2000.

［6］向世明.现代光电成像技术概论［M］.北京:北京理工大学出版社,2013.

［7］向世明,倪国强.光电子成像器件原理［M］.北京:国防工业出版社,1999.

［8］王庆有,等.光电技术［M］.第 2 版.北京:电子工业出版社,2008.

［9］郭瑜茹,林宋.光电子技术及其应用［M］.北京:化学工业出版社,2015.

［10］郭瑜茹,张朴,杨野平.光电子技术及其应用［M］.北京:化学工业出版社,2006.

[11] 王庆有,蓝天,胡颖.光电技术[M].北京:电子工业出版社,2005.

[12] 汪贵华.光电子器件[M].北京:国防工业出版社,2008.

[13] (日)米本和也.CCD/CMOS 图像传感器基础与应用[M].陈榕庭,彭美桂,译.北京:科学出版社,2006.

[14] 张广军.光电测试技术与系统[M].北京:北京航空航天大学出版社,2010.

[15] 白廷柱,金伟其.光电成像原理与技术[M].北京:北京理工大学出版社,2006.

[16] 安毓英,曾晓东,冯喆珺.光电探测与信号处理[M].北京:科学出版社,2010.

[17] 宋丰华.现代光电器件技术及应用[M].北京:国防工业出版社,2004.

[18] 程开富.微光摄像器件的发展趋势[J].电子元器件应用,2004(10).

[19] 雷玉堂.红外热成像技术及其在智能视频监控中的应用[J].中国公共安全,2007(8).

[20] 雷玉堂.紫外摄像机及其应用[J].中国公共安全,2008(3).

[21] 刘振玉.光电技术[M].北京:北京理工大学出版社,1990.

[22] 王传晋,叶彬浔.天文可见光探测器[M].北京:中国科学技术出版社,2013.

[23] 王臻,刘孟华.光电探测技术[M].武汉:湖北科学技术出版社,2008.

[24] 蔡文贵,李永远,许振华.CCD 技术与应用[M].北京:电子工业出版社,1992.

[25] 刘贤德.CCD 及其应用原理[M].武汉:华中理工大学出版社,1990.

[26] 周立伟.心驰科普[M].北京:北京理工大学出版社,2016.

[27] 刘远航.扫描仪、数码相机、数字摄像头选购与使用[M].北京:人民邮电出版社,2000.

[28] 韩晓冰,陈名松.光电子技术基础[M].西安:西安电子科技大学出版社,2013.

[29] 李林.应用光学[M].第四版.北京:北京理工大学出版社,2010.

[30] 徐之海,李奇.现代成像系统[M].北京:国防工业出版社,2001.

[31] 陈东波.固体成像器件与系统[M].北京:兵器工业出版社,1991.

[32] 廖延彪,等.现代光信息传感原理[M].北京:清华大学出版社,2016.

[33] 邹异松,等.光电成像原理[M].北京:北京理工大学出版社,1997.

[34] 邵晓鹏.光电成像与图像处理[M].西安:西安电子科技大学出版社,2015.

[35] 林钧挺,等.光电子技术及其应用[M].北京:国防工业出版社,1983.

[36] 林祖伦,等.光电成像导论[M].北京:国防工业出版社,2016.

[37] 韩丽英,等.光电变换与检测技术[M].北京:国防工业出版社,2010.

[38] 寇玉民,等.CCD图像传感器发展与应用[J].电视技术,2008,32(4).

[39] 金婷婷.CCD图像传感器的技术及发展[J].科学时代,2012(19).

[40] 孙莉,邓敏.CCD图像传感器的现状及未来发展[J].现代制造技术与装备,2017(8).

[41] 姜忠宝,等.CCD图像传感器的原理及军事应用[J].电子元器

件应用,2003,5(1).

[42] 程开富,等.CCD 图像传感器在军用武器装备中的应用[J].集成电路通讯,2006,24(2).

[43] 程开富.图像传感器在医学诊断领域中的应用[J].电子元器件应用,2005,7(6).

[44] 程开富.CMOS 图像传感器的最新进展及其应用[J].光机电信息,2003(01).

[45] 程开富,等.医学诊断领域中的 CCD 图像传感器[J].电子元器件资讯,2008(12).

[46] 罗世伟.视频监控系统原理与维护[M].北京:电子工业出版社,2007.

[47] 汪光华.视频监控系统[M].北京:中国政法大学出版社,2009.

[48] 李金伴.视频监控系统及其应用[M].北京:化学工业出版社,2008.

[49] 殷德军,等.现代安全防范技术与工程系统[M].北京:电子工业出版社,2008.

[50] 赵勋杰,石万山.光子计数成像技术及其应用[J].光电对抗与无源干扰,2002(3).

[51] 马精格.CCD 与 CMOS 图像传感器的现状与发展趋势[J].电子技术与软件工程,2017(13).

[52] 潘阳元.浅谈 CMOS 摄像机在安防监控系统中的应用趋势[J].广东公安科技,2009(3).

[53] 张梅.CCD 特性及其在大学物理实验中的应用[J].科技创新导报,2009(23).

[54] 孙雪山.CCD 微型摄像头在中学物理实验中的应用[J].中国电化教育,1998(12).

[55] 沙振舜.CCD 像感器在中学物理教学中的应用[J].大学物理,1996(8).

［56］沙振舜,等.微机塞曼效应仪与图像处理实验［J］.物理实验,1994(6).

［57］沙振舜,等.电视显微密立根油滴仪［J］.物理实验,1993(5).

［58］沙振舜,电视显微演示与测量系统［J］.敏通科技,1994(6).

［59］沙振舜,电视显微测量技术［J］.江苏计量,1994(2).

［60］沙振舜,等.Computerized Zeeman effect apparatus using CCD camera［J］.南京大学学报,1994(1).

［61］沙振舜,等.A study of dynamics and chemical reactions in laser-ablated PbTiO₃ plume by optical-wavelength-sensitive CCD photography［J］. Applied Physics A,1998,67:331 - 334.

［62］沙振舜,等.塞曼效应实验仪中的 CCD 应用［J］.敏通科技,1999(12).

［63］沙振舜.数码照相实验［J］.物理教学,2000,22(4).

［64］杨经国,等.教学型 CCD 光学多道分析器及其在光谱实验中的应用［J］.物理实验,1993(2).

［65］曾金根,等.CCD 等厚干涉实验仪的研究［J］.实验室研究与探索,2003,22(6).

［66］许炎桥.CCD 在光的干涉衍射实验中的应用［J］.物理教学,2007,29(2).

［67］冯一兵.CCD 及其在物理实验中的应用［J］.实验室科学,2007(2).

［68］朱宏娜.CCD 技术在大学物理实验教学中的应用［J］.实验科学与技术,2010,8(4).

［69］郝志航.CCD 技术与遥感［EB/OL］.百度文库,2007.

［70］贾海峰,刘雪华.环境遥感原理与应用［M］.北京:清华大学出版社,2006.

［71］CCD 技术概括:入门好材料［EB/OL］.CSDN 下载,2009.

[72] 韩心志.航天遥感 CCD 推帚式成像系统[M].哈尔滨:哈尔滨工业大学出版社,1990.

[73] 梅安新.遥感导论[M].北京:高等教育出版社,2001.

[74] 张兵.当代遥感科技发展的现状与未来展望[J].中国科学院院刊,2017,32(7).

[75] 陈世平.航天遥感科学技术的发展[J].航天器工程,2009,18(2).

[76] 陈世平.21 世纪初期航天遥感科学技术发展展望[J].航天返回与遥感,2001,22(1).

[77] 孙家柄.遥感原理与应用[M].武汉:武汉大学出版社,2009.

[78] 袁健畴,黎峰.遥感[M].北京:北京出版社,1984.

[79] 谭吉春.夜视技术[M].北京:国防工业出版社,2010.

[80] 周立伟.目标探测与识别[M].北京:北京理工大学出版社,2004.

[81] 邸旭.微光与红外成像技术[M].北京:机械工业出版社,2012.

[82] 焦斌亮,等.星载多光谱 CCD 相机研究[J].仪器仪表学报,2004,25(2).

[83] (日)中村淳.数码相机中的图像传感器和信号处理[M].北京:清华大学出版社,2015.

[84] 戴君惕.奇异的仿生学[M].长沙:湖南教育出版社,1997.

[85] 陈家森.我们周围的物理学[M].上海:上海科技教育出版社,2000.

[86] (美)Ron White.探索数码摄影的奥秘(第二版)[M].张匡匡,詹凯,译.北京:人民邮电出版社,2008.

[87] 张季熊.光电子学教程[M].广州:华南理工大学出版社,2001.

[88] 蔡声镇.青少年无线电装配与检修技术[M].福州:福建科学技术出版社,2002.

[89] 刘远航,等.视频捕捉设备:数字摄录一体机[M].北京:人民邮电出版社,2000.

［90］孙景琪,等.电子信息技术概论［M］.北京:北京工业大学出版社,2013.

［91］许强.军用紫外探测技术与应用［M］.北京:北京航空航天大学出版社,2010.

［92］魏廷存.模拟 CMOS 集成电路设计［M］.北京:清华大学出版社,2010.

［93］王传晋,等.电荷耦合器件(CCD)及其在天文中的应用［J］.天文学进展,1983,1(2).

［94］李超宏,等.用于白天自适应光学的波前探测方法分析［J］.物理学报,2007,56(7).

［95］何秋会,等.南京大学 65 cm 天文望远镜指向精度的修正研究［J］.南京大学学报(自然科学版),2005,41(4).

［96］李阳,等.CCD摄像机替代高速摄影机应用研究［J］.光学技术,2005,31(03).

［97］赵竹,等.监控设备操作实务［M］.西安:西安电子科技大学出版社,2014.

［98］程开富.新颖固体图像传感器发展及其应用［J］.电子与封装,2003,3(6).

［99］王庆有.光电信息综合实验与设计教程［M］.北京:电子工业出版社,2016.

［100］黎连业,等.入侵防范电视监控系统设计与施工技术［M］.北京:电子工业出版社,2005.

［101］沙振舜.最美丽的十大物理实验［M］.南京:南京大学出版社,2014.

［102］沙振舜.等离子体自传(第二版)［M］.南京:南京大学出版社,2018.

［103］张军,等.智能手机软硬件维修:从入门到精通［M］.北京:机械工业出版社,2015.

无处不在的眼睛——光电子成像器件漫谈

[104] 苏涛.遥感原理与应用[M].北京:煤炭工业出版社,2015.
[105] 王公儒.视频监控系统工程实用技术[M].北京:中国铁道出版社,2018.
[106] 吕恬生.机器人趣谈[M].成都:四川科学技术出版社,2010.
[107] 高彬.机器人视觉系统的组成及工作原理[J].科技致富向导,2012(8).
[108] 赵小川.机器人技术创意设计[M].北京:北京航空航天大学出版社,2013.
[109] 罗庆生,罗霄.我的机器人:仿生机器人的设计与制作[M].北京:北京理工大学出版社,2016.

图书在版编目(CIP)数据

无处不在的眼睛：光电子成像器件漫谈／沙振舜编
著.—南京：南京大学出版社，2020.4
ISBN 978 - 7 - 305 - 23113 - 1

Ⅰ.①无… Ⅱ.①沙… Ⅲ.①光电器件－成象原理－
普及读物 Ⅳ.①TN15－49

中国版本图书馆 CIP 数据核字(2020)第 049212 号

出版发行 南京大学出版社
社 址 南京市汉口路 22 号 邮编 210093
出 版 人 金鑫荣
书 名 无处不在的眼睛——光电子成像器件漫谈
编 著 沙振舜
责任编辑 沈 洁 编辑热线 025 - 83597482
照 排 南京开卷文化传媒有限公司
印 刷 南京鸿图印务有限公司
开 本 880×1 230 1/32 印张 7.25 字数 182 千
版 次 2020 年 4 月第 1 版 2020 年 4 月第 1 次印刷
ISBN 978 - 7 - 305 - 23113 - 1
定 价 40.00 元

网 址:http://www.njupco.com
官方微博:http://weibo.com/njupco
官方微信号:njupress
销售咨询热线:025 - 83594756